1

**Déjà paru du même auteur**

- Manuel d'arithmétique : correction des exercices
- Jeux pédagogiques mathématiques
- Manuel d'entraînement au calcul mental
- Les secrets d'Arsène Lupin dans « La Comtesse de Cagliostro » de Maurice Leblanc
- Les secrets d'Arsène Lupin dans « L'Aiguille creuse » de Maurice Leblanc
- Les secrets d'Arsène Lupin dans « La Barre-y-va » de Maurice Leblanc
- Enquête généalogique à propos de Louis-Albert BACLER, Baron d'Albe
- Les Déboiseux (roman)
- Les énigmes du Professeur Tryphon

# Manuel d'Arithmétique élémentaire
# Pour apprendre et progresser en autonomie

par Laurent Benosa

édition mai 2023

## Objectifs de l'ouvrage

Les notions abordées de façon concrète dans cet ouvrage correspondent à ce qu'il est nécessaire de maîtriser à l'entrée au collège, en complément de la maîtrise du calcul mental avec le « Manuel d'entraînement au calcul mental ».

Deux objectifs ont initié la rédaction de cet ouvrage pendant les longs mois de l'épidémie de Covid en 2020 alors que de nombreux élèves se trouvaient en difficulté pour travailler.

D'une part, offrir aux parents, aux enseignants et aux personnes en charge du soutien scolaire un support de travail pour analyser les faiblesses des élèves en difficulté et organiser les séances pour les faire progresser.

D'autre part, permettre l'étude de l'arithmétique en toute autonomie à des adultes ou des élèves sans possibilité d'assister à des cours, grâce à une méthode progressive avec plus de mille exercices dont les solutions sont entièrement corrigées et commentées dans l'ouvrage « Manuel d'arithmétique : correction des exercices ».

Les exercices en italique sont identiques à celui qui précède (avec des valeurs différentes) et ne sont à faire qu'en cas de difficulté dans le précédent exercice. Le nombre d'astérisque (*) fournit une indication sur la difficulté de l'exercice dans la série.

**Choix de la méthode**

La méthode adoptée dans cet ouvrage (**pédagogie de la maîtrise**) consiste à présenter explicitement aux élèves une démarche d'apprentissage rigoureuse pour chaque notion abordée. Ils doivent ensuite appliquer les consignes de façon systématique à l'aide des nombreux exercices proposés. Les corrections complètes et argumentées permettent à l'élève de valider sa réussite ou de comprendre où se situent ses erreurs, ce qui lui permet de réussir les exercices suivants.

Cette méthode est recommandée par plusieurs études importantes qui font référence et qui ont pu valider son exceptionnelle efficacité comparée à huit autres méthodes pédagogiques[1] dans l'acquisition des matières de base, et dans l'estime que les élèves avaient d'eux-mêmes. Ce sont en effet les exercices réussis (les *succès*) qui constituent le pivot de l'estime personnelle (Adams et Engelmann, 1996), condition indispensable à l'élaboration de la confiance en soi.

Après avoir analysé les recherches publiées à propos de la **pédagogie de la maîtrise** sur une période de vingt-cinq ans et visité six écoles expérimentant cette approche, une étude a démontré que cette méthode est efficace auprès de toutes les catégories d'élèves confondues y compris les élèves de milieux défavorisés et a conclu son rapport en recommandant son utilisation.

---

[1] Stalling et al., 1978 - House et Glass, 1979 - Bereiter, 1981 - Becker et Carnine, 1981 - Evans et Carr, 1985 - Gersten et Keating, 1987 - Fraser, 1987 - Lipsey et Wilson, 1993 - Ellis et Worthington, 1994 - Watkins, 1995-1996 - Adam et Engelmann, 1996 - Kameenui et Gersten, 1997 - Herman et al., 1999 - Wisconsin Policy Research Institute, mars 2001 - *Projet Follow Through*. Slavin, 2002 (échantillon de 70 000 élèves) - Borman et al., 2002 et 2003 (échantillon de 145 296 élèves)

## Comparaison des résultats scolaires
de neuf modèles pédagogiques utilisés dans le cadre du Projet *Follow Through*

### Pédagogie de la maîtrise

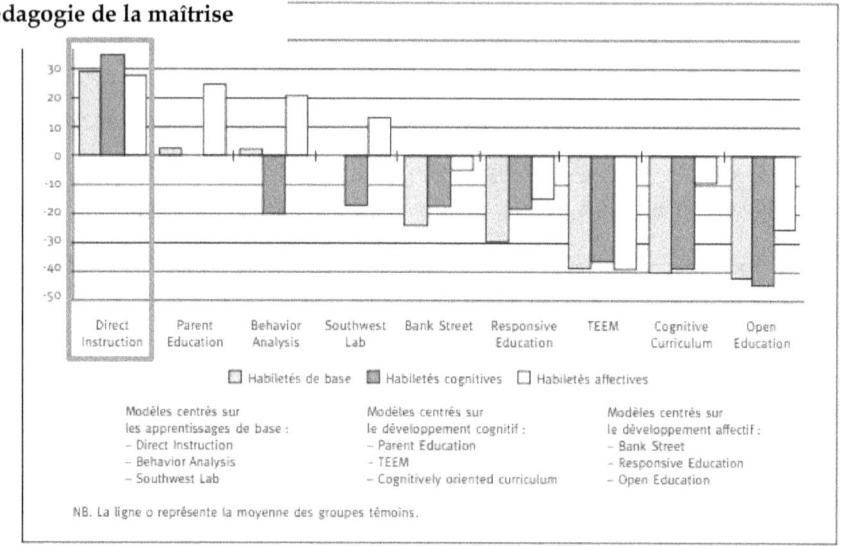

| Direct Instruction | Parent Education | Behavior Analysis | Southwest Lab | Bank Street | Responsive Education | TEEM | Cognitive Curriculum | Open Education |

☐ Habiletés de base   ■ Habiletés cognitives   ☐ Habiletés affectives

Modèles centrés sur
les apprentissages de base :
– Direct Instruction
– Behavior Analysis
– Southwest Lab

Modèles centrés sur
le développement cognitif :
– Parent Education
– TEEM
– Cognitively oriented curriculum

Modèles centrés sur
le développement affectif :
– Bank Street
– Responsive Education
– Open Education

NB. La ligne o représente la moyenne des groupes témoins.

Traduit d'*Educational Achievement Systems*.

# SOMMAIRE

Les corrections des exercices sont rédigées dans l'ouvrage « Manuel d'arithmétique, Corrections des exercices »

# INTRODUCTION

Le terme arithmétique vient du grec ancien ***arithmos*** qui signifie « nombre ».

Sans doute inventée par les Phéniciens, l'arithmétique est dans la Grèce antique de la deuxième moitié du VI$^e$ siècle av. J.-C., une des quatre sciences mathématiques fondamentales, avec la géométrie, l'astronomie et la musique.

L'arithmétique est la branche des mathématiques qui étudie les propriétés des nombres et les opérations entre les nombres.

Cet ouvrage d'arithmétique élémentaire étudiera les quatre opérations de base que sont l'addition, la soustraction, la multiplication et la division. L'apprentissage se fera à l'aide d'une « leçon », série d'instructions et d'explications commentées, suivie d'exercices de difficultés progressives.

## A. LES NOMBRES ENTIERS NATURELS

Lorsqu'on parle d'eau, de farine, ou de forêts, on utilise des litres (qui mesurent un volume), des kilogrammes (qui mesurent une masse) ou des hectares (qui mesurent une superficie), car on mesure une **grandeur** qui peut être subdivisées.

Par contre, pour des objets comme des maisons, des voitures ou pour des personnes, on utilise des **nombres entiers** (1, 2, 3...) car ça n'a pas de sens de parler de demi-voiture, de quart de maison ou de tiers de personne. On mesure un **cardinal**, c'est-à-dire un nombre d'objets ou de personnes.

Les nombres entiers sont construits avec des **chiffres** (de 0 à 9) dont la position dans le nombre change la valeur. On utilise la **base dix**, c'est-à-dire que chaque position renvoie à l'unité, à des paquets de 10 fois 1 (dix), puis des paquets de 10 fois 10 (cent) puis des paquets de 10 fois 100 (mille), puis des paquets de 10 fois 1000 (dix-mille), et ainsi de suite...

Ainsi, dans 542, le « 2 » correspond à « deux unités », le « 4 » correspond à « quatre dizaines » et le « 5 » correspond à « cinq centaines ».
Le nombre 542 se lit « cinq cent quarante-deux ».

Ainsi, dans 307, le « 7 » correspond à « sept unités », le « 0 » à « zéro dizaine », c'est-à-dire aucune dizaine, et le « 3 » à « trois centaines ».
Le nombre 307 se lit « trois cent sept ».

(Voir le tableau en annexe pour l'énoncé des premiers nombres entiers)

Les chiffres d'un nombre se rangent **de la droite vers la gauche** en partant de l'unité parce que cette méthode d'écriture dérive de la calligraphie arabe.

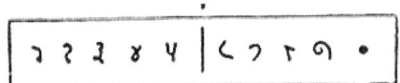

D'ailleurs, en langue arabe, le nombre 541 se lit
« un et quarante et cinq cents ».

L'ensemble des nombres entiers naturels se note $\mathbb{N}$, initiale de l'italien *naturale* (« naturel »).

**Exercices sur les nombres**

1. **Écrire les nombres suivants en chiffres** : quarante-trois ; cinquante-deux ; quatre-vingt-quatre ; soixante-cinq ; sept cent vingt-huit ; deux cent soixante-quinze ; huit cent soixante-dix-huit ; mille dix-neuf ; deux mille cinquante ; deux mille trois cent quarante-quatre

2. **Écrire les nombres suivants en chiffres** : cinquante-trois ; cent deux ; quatre-vingt-quatre ; soixante-cinq ; trois cent vingt-huit ; deux cent six ; sept cent dix-huit ; mille neuf ; deux mille trois ; deux mille trois cent

3. **Écrire les nombres suivants en chiffres** : vingt-neuf, trente, quatre-vingt-douze, six-millions-neuf-cent-mille, un-milliard-trois-cent-millions-neuf-cent-mille

4. **Écrire les nombres suivants en chiffres** : deux cent quarante et un mille trois cent trente-trois ; quatre-vingt-dix-huit mille quatre cent quarante-huit ; neuf cent trente-sept mille huit cent seize ; trois cent quatre-vingt-trois mille cinquante-et-un ; huit cent soixante-seize mille huit cent trois

5. **Écrire les nombres suivants en chiffres** : cinq cent trente et un mille six cent vingt-trois ; quatre-vingt-huit mille quatre cent huit ; cent trente-huit mille huit cent neuf ; trois cent trois mille cinquante-et-un ; huit cent seize mille cinq cent sept

6. **Recopie les nombres en entourant le chiffre demandé :**
   145 : chiffre des dizaines
   12002 : chiffre des centaines
   45789 : chiffre des unités
   704520 : chiffre des centaines de mille
   1008854 : chiffre des dizaines de mille
   12200369 : chiffre des unités de million

7. **Donne la position de chaque chiffre souligné :**
   2$\underline{3}$ ; $\underline{4}$5 ; $\underline{3}$78 ; 8$\underline{1}$9 ; 80$\underline{8}$ ; $\underline{4}$89 ; 7$\underline{9}$6 ; $\underline{1}$99 ; 2$\underline{1}$09 ; 835$\underline{7}$ ; 9$\underline{2}$00 ; 4$\underline{6}$78 ; $\underline{4}$973 ; 1$\underline{9}$89 ; $\underline{9}$999 ; 3$\underline{4}$99 ; $\underline{4}$568 ; 2$\underline{7}$509 ; 5$\underline{0}$99 ; $\underline{1}$0486 ; 38$\underline{5}$04 ; 145378

8. **Donne la position de chaque chiffre souligné :**
   12$\underline{5}$6 ; 102$\underline{0}$8 ; 456$\underline{2}$01 ; 789$\underline{4}$525 ; 45$\underline{7}$80 001 ; 1$\underline{9}$999 ; 96$\underline{6}$06 ; 808$\underline{8}$08

9. **Décomposer chaque nombre sur le modèle : 234 = 200 + 30 + 4**
   12 ; 360 ; 871 ; 408 ; 218 ; 63 ; 970 ; 499 ; 68 ; 509 ; 5099 ; 486 ; 504 ; 378

10. **Décomposer chaque nombre sur le modèle : 234 = 200 + 30 + 4**
    23 ; 45 ; 78 ; 19 ; 88 ; 89 ; 96 ; 99 ; 109 ; 357 ; 200 ; 678 ; 973 ; 989 ; 999

11. **Décomposer chaque nombre sur le modèle : 234 = 200 + 30 + 4**
    25 ; 53 ; 79 ; 10 ; 84 ; 90 ; 92 ; 110 ; 124 ; 367 ; 300 ; 679 ; 985 ; 975 ; 990

12. **Réécrire les nombres suivants en supprimant les zéros inutiles :**
    400 ; 045 ; 10 ; 01 ; 101 ; 0401 ; 0450 ; 007 ; 0070 ; 750 ; 02560 ; 700 ; 0700

13. **Combien y a-t-il de :**
    Dizaines dans 45 ? Dans 578 ? Dans 2302 ? Dans 456 ? Dans 3 ?
    Centaines dans 506 ? Dans 1708 ? Dans 71019 ? Dans 3457 ? Dans 14 ?
    Milliers dans 4538 ? Dans 14278 ? Dans 220278 ? Dans 567 ?

Dizaines de millions dans 45 123 102 ? 745 123 102 ? 4 745 123 102 ?
Répondre par une phrase à chaque fois

14. **Combien y a-t-il de** :
   Dizaines dans 23 ? Dans 503 ? Dans 4 523 ? Dans 604 ? Dans 7 256 ?
   Centaines dans 589 ? Dans 1 589 ? Dans 21 089 ? Dans 35 ? Dans 4 567 ?
   Milliers dans 1 278 ? Dans 31 278 ? Dans 530 278 ? Dans 4 567 ?
   Dizaines de million dans 45 123 102 ? 745 123 102 ? 4 705 123 102 ?
   Répondre par une phrase à chaque fois.

15. **Pour chaque nombre, écrire celui qui suit :**
   23 ; 45 ; 78 ; 19 ; 88 ; 89 ; 96 ; 99 ; 109 ; 357 ; 200 ; 678 ; 973 ; 989 ; 999

16. **Pour chaque nombre, écrire celui qui précède :**
   25 ; 53 ; 79 ; 10 ; 84 ; 90 ; 92 ; 110 ; 124 ; 367 ; 300 ; 679 ; 985 ; 975 ; 990

17. **Pour chaque nombre, écrire celui qui suit :**
   12 ; 360 ; 871 ; 408 ; 218 ; 63 ; 970 ; 499 ; 68 ; 509 ; 5099 ; 486 ; 504 ; 378

18. **Pour chaque nombre, écrire celui qui précède :**
   20 ; 59 ; 180 ; 100 ; 89 ; 190 ; 992 ; 110 ; 127 ; 367 ; 300 ; 679 ; 970 ; 991 ; 1000

19. Écrire 12 nombres de 2 en 2 à partir de 340.

20. Écrire 12 nombres de 2 en 2 à partir de 141.

21. Écrire 12 nombres de 3 en 3 à partir de 224.

22. Écrire 12 nombres de 3 en 3 à partir de 121.

23. Écrire 12 nombres de 4 en 4 à partir de 305.

24. Écrire 12 nombres de 4 en 4 à partir de 200.

25. Écrire 12 nombres de 5 en 5 à partir de 90.

26. Écrire 12 nombres de 10 en 10 à partir de 140.

27. Écrire 12 nombres de 10 en 10 à partir de 237.

28. Écrire 12 nombre de 100 en 100 à partir de 163.

29. **Écrire tous les nombres qui ont 2 pour chiffre des dizaines entre 100 et 1000.**

30. **Écrire tous les nombres qui ont 3 pour chiffre des unités entre 100 et 200.**

31. **Parmi ces nombres, quels sont ceux qui sont supérieurs à 500 ?**
   974 ; 499 ; 68 ; 59 ; 5099 ; 486 ; 54 ; 378 ; 5001 ; 58 ; 98 ; 378 ; 5043 ; 586

32. **Parmi ces nombres, quels sont ceux qui sont inférieurs à 300 ?**
   18 ; 39 ; 268 ; 320 ; 2003 ; 586 ; 39 ; 87 ; 298 ; 796 ; 79 ; 307 ; 178 ; 2006

33. **Parmi ces nombres, quels sont ceux qui sont supérieurs à 89 et inférieurs à 348 ?**
   12 ; 360 ; 871 ; 400 ; 218 ; 63 ; 974 ; 499 ; 68 ; 59 ; 5099 ; 486 ; 54 ; 378 ;
   5001 ; 58 ; 98 ; 287 ; 5043 ; 586 ; 18 ; 39 ; 268 ; 320 ; 2003 ; 586 ; 39 ; 87

34. **Parmi ces nombres, quels sont ceux qui sont supérieurs à 122 et inférieurs à 509 ?**
   12 ; 360 ; 871 ; 400 ; 218 ; 63 ; 974 ; 499 ; 68 ; 59 ; 5099 ; 486 ; 54 ; 378 ;
   5001 ; 58 ; 98 ; 578 ; 5043 ; 586 ; 18 ; 39 ; 268 ; 120 ; 2003 ; 586 ; 39 ; 87

35. **Écrire les nombres suivants dans l'ordre croissant** (du plus petit au plus grand) :

12 ; 360 ; 871 ; 400 ; 218 ; 63 ; 974 ; 499 ; 68 ; 59 ; 5 099 ; 486 ; 54 ; 378 ;
5 001 ; 58 ; 98 ; 287 ; 5 043 ; 586 ; 18 ; 99 ; 268 ; 320 ; 2 003 ; 586 ; 39 ; 87

36. **Écrire les nombres suivants dans l'ordre décroissant** :
367 ; 63 ; 907 ; 39 ; 83 ; 832 ; 205 ; 129 ; 389 ; 93 ; 17 ; 90 ; 482 ; 74 ; 390

37. **Trouve un nombre à placer entre les deux nombres donnés** :
85 452 <….< 85 460
1 201 <… < 1 301
7 863 < … < 7 880
1 019 999 < …< 1 020 100
585 <…< 596
906 654 < … < 907 654

38. **Trouve un nombre à placer entre les deux nombres donnés** :
5 462 - …. - 5 454
1 221 - … - 1 101
7 965  - … - 7 980
1 020 999  - … - 1 010 300
535 - …- 527
907 754  - … - 907 654

39. Compléter la série de nombres : 12 374 – 12 384 - … - … - … - … - …
40. Compléter la série de nombres : 935 – 925 - 915 - … - … - … - … - …
41. Compléter la série de nombres : 12 043 – 12 033 - 12 023 - … - … - … - …
42. Compléter la série de nombres : 1 087 – 1 097 - … - … - … - … - …
43. Quels sont les nombres compris entre 1 800 et 1 850 qu'on peut écrire en utilisant qu'une seule fois les chiffres 0, 1, 8 et 9 ?
44. Quels sont les nombres compris entre 2 650 et 2 680 qu'on peut écrire en n'ayant jamais deux fois le même chiffre dans le nombre ?
45. Quels sont les nombres qu'on peut écrire en utilisant qu'une seule fois tous les chiffres 0, 2, 5 et 7 ? Les écrire dans l'ordre croissant.
46. Un nombre pair est un nombre qui permet de faire exactement des groupes de 2 (des paires). Par exemple :
« 6 est un nombre pair car il permet de faire exactement 3 paquets de 2 »
Parmi les nombres ci-dessous, indiquer les nombres pairs en faisant une phrase identique à l'exemple fourni au-dessus :
1 ; 4 ; 3 ; 7 ; 8 ; 10 ; 12 ; 9 ; 15 ; 11 ; 6 ; 13 ; 14 ; 17 ; 15 ; 19 ; 18 ; 16 ; 20 ; 22
47. Parmi les nombres ci-dessous, indiquer les nombres pairs :
18 ; 43 ; 38 ; 74 ; 81 ; 70 ; 52 ; 79 ; 45 ; 71 ; 56 ; 83 ; 34 ; 47 ; 55 ; 79 ; 56 ;
24 ; 21 ; 28 ; 29 ; 31 ; 32 ; 34 ; 36 ; 37 ; 39 ; 40 ; 42 ; 45 ; 47 ; 48 ; 49 ; 50
48. Les nombres qui ne sont pas pairs sont appelés « nombres impaires ».
Parmi les nombres ci-dessous, indiquer les nombres impairs :
1 ; 4 ; 3 ; 7 ; 8 ; 10 ; 12 ; 9 ; 15 ; 11 ; 6 ; 13 ; 14 ; 17 ; 15 ; 19 ; 18 ; 16 ; 20 ; 22 ;
18 ; 43 ; 38 ; 74 ; 81 ; 70 ; 52 ; 79 ; 45 ; 71 ; 56 ; 83 ; 34 ; 47 ; 55 ; 79 ; 68 ; 56

# B. LES OPÉRATIONS SUR LES NOMBRES ENTIERS NATURELS

## 1. L'ADDITION

L'**addition** permet soit de calculer **le nombre total** d'un groupe d'éléments lorsqu'on connait le nombre d'éléments de chaque partie du groupe, soit de calculer le **nouveau nombre** d'éléments d'un groupe lorsqu'il y a eu une augmentation.

### Exemple 1
Un sac contient 5 billes et un autre sac contient 8 billes.
Combien il y a-t-il de billes en tout dans les deux sacs ?

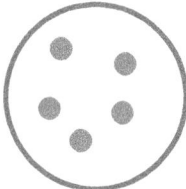 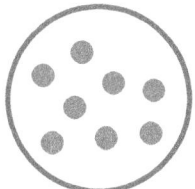

L'opération à effectuer est l'addition, elle s'écrit avec le symbole « + »
  5 + 8 = 13
et se lit « plus » : « huit plus cinq égale treize ».

### Exemple 2
Un sac contient 8 billes, et on ajoute 2 billes.
Combien il y a-t-il maintenant de billes dans le sac ?

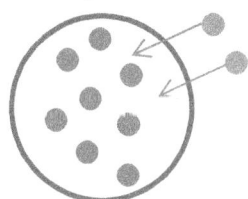

L'opération à effectuer est l'addition, elle s'écrit avec le symbole « + »
  8 + 2 = 10
et se lit « plus » : « huit plus deux égale dix ».

Les nombres additionnés entre eux s'appellent les **termes** de l'addition.
Le résultat, le nombre total de billes, s'appelle la **somme**.

La somme est **commutative**, c'est-à-dire que l'opération ne dépend pas de l'ordre des nombres. 34 + 56 donne le même résultat que 56 + 34.

La somme est **associative**, c'est-à-dire qu'on peut effectuer des calculs intermédiaires en regroupant certains des termes. Pour la somme 12 + 8 + 14, on peut d'abord effectuer 12 + 8, ce qui donne 20, puis effectuer 20 + 14.
On écrira : 12 + 8 + 14 = (12 + 8) + 14 = 20 + 14 = 34

### Mode opératoire

Additionner deux nombres consiste à additionner les chiffres des unités entre eux, puis les chiffres des dizaines entre eux, puis les chiffres des centaines entre eux.
Additionner 253 et 43 consiste à effectuer les opérations suivantes :
Unité : 3+3 = 6
Dizaine : 5+4 = 9
Centaine : 2
Le nombre est donc 2 centaines 9 dizaines 6 unités, c'est-à-dire 296.

Par commodité, on effectue l'opération en plaçant les nombres l'un au-dessus de l'autre, en positionnant les chiffres des unités au même endroit. Ainsi, pour additionner 253 et 43 on pose les nombres ainsi en colonne :

$$\begin{array}{r} 253 \\ + \ 43 \\ \end{array}$$

Puis on effectue les sommes colonne par colonne en commençant par celle la plus à droite, puis en continuant vers la gauche (3+3 donne 6, 5+4 donne 9, 2+0 donne 2) :

$$\begin{array}{r} 253 \\ + \ \ 43 \\ \hline 296 \\ \end{array}$$

L'addition de 253 et de 43 donne le résultat de 296.

Il arrive que la somme d'une colonne donne un résultat à deux chiffres (supérieur à 9). Par exemple, l'addition des nombres 287 et 86 donne la décomposition suivante :
Unités : 7+6=13 c'est-à-dire 1 dizaine et 3 unités
Dizaines : 8+8=16 c'est-à-dire 1 centaine et 6 dizaines
Centaines : 2

Au total il y a 3 unités, 7 dizaines (6+1) et 3 centaines (2+1), c'est-à-dire le nombre 373.

Effectuons cette addition en colonne. On pose :

$$
\begin{array}{r}
287 \\
+\ 86 \\
\end{array}
$$

On effectue les sommes colonne par colonne en commençant par celle la plus à droite, puis en continuant vers la gauche (7+6 donne 13, on pose le 3 et on met 1 au-dessus de la colonne des dizaines, en « retenue », 1+8+8 donne 17, on pose le 7 et on met 1 au-dessus de la colonne des centaines, en « retenue », 1+2+0 donne 3)

$$
\begin{array}{r}
{\scriptstyle 11} \\
287 \\
+\ \ 86 \\
\hline
373 \\
\end{array}
$$

L'addition de 287 et de 86 donne le résultat de 373.

**Entraînement de calcul de somme**

49. Poser en colonne et effectuer les additions suivantes : 12+5 ; 14+23 ; 12+34 ; 23+45 ; 38+47 ; 45+67 ; 123+324 ; 245+67 ; 367+89 ; 378+227 ; 23+45+22 ; 38+56+87 ; 238+347+287 ; 345+456+76 ; 89+578+97
50. Effectuer les additions suivantes :
    34+24 ; 45+41 ; 57+43 ; 52+28 ; 48+16 ; 147+48 ; 178+64
51. Effectuer les additions suivantes :
    59+24 ; 87+41 ; 75+43 ; 48+28 ; 69+16 ; 178+48 ; 194+64
52. Effectuer les additions suivantes :
    134+424 ; 245+541 ; 357+743 ; 852+628 ; 548+716 ; 147+948 ; 578+964

**Modèle de rédaction de solution d'exercice**

« Un sac contient 5 billes et un autre sac contient 8 billes. Combien il y a-t-il de billes en tout dans les deux sacs ? »

> Calcul du nombre total de billes
> 8 + 5 = 13
> Il y a 13 billes au total.

## Exercices d'addition à deux nombres

53. (*) Dans une trousse, il y a 9 billes vertes et 6 billes bleues. Combien de billes se trouvent dans la trousse ?

54. (*) *Dans une trousse, il y a 7 billes vertes et 5 billes bleues. Combien de billes se trouvent dans la trousse ?*

55. (*) Dans un bus, il y a 6 femmes et 7 hommes. Combien de personnes se trouvent dans le bus ?

56. (*) *Dans un bus, il y a 9 femmes et 5 hommes. Combien de personnes se trouvent dans le bus ?*

57. (*) M. a 8 ans de plus que L. qui a 12 ans. Quel est l'âge de M. ?

58. (*) *M. a 12 ans de plus que L. qui a 6 ans. Quel est l'âge de M. ?*

59. (*) Un garagiste doit réparer 13 voitures noires et 9 voitures blanches. Combien de voitures doit réparer le garagiste ?

60. (*) *Une garagiste doit réparer 11 voitures noires et 14 voitures blanches. Combien de voitures doit réparer la garagiste ?*

61. (*) 37 élèves sont montés dans le car scolaire. Il reste 18 places libres. Combien de places contient le car ?

62. (*) *29 élèves sont montés dans le car scolaire. Il reste 11 places libres. Combien de places contient le car ?*

63. (*) P. va à l'école avec 7 billes. Elle en gagne 14 dans la journée. Combien de billes possède-t-elle en rentrant chez elle ?

64. (*) *R. va à l'école avec 12 billes. Il en gagne 11 dans la journée. Combien de billes possède-t-il en rentrant chez lui ?*

65. (*) Dans une entreprise, il y a 74 femmes et 98 hommes. Combien de personnes travaillent dans l'entreprise ?

66. (*) *Dans une entreprise, il y a 89 femmes et 68 hommes. Combien de personnes travaillent dans l'entreprise ?*

67. (*) Un collectionneur possède 124 timbres dans son album. Il en ajoute 16. Combien possède-t-il de timbres désormais ?

68. (*) *Une collectionneuse possède 138 timbres dans son album. Elle en ajoute 23. Combien possède-t-elle de timbres désormais ?*

69. (*) Au départ d'une course, il y a 347 femmes et 258 hommes. Combien de personnes participent à cette course ?

70. (*) *Au départ d'une course, il y a 259 femmes et 376 hommes. Combien de personnes participent à cette course ?*

71. (*) J. achète 18 bouteilles d'huile, 9 bouteilles de vinaigre et 22 bouteilles d'eau. Combien de bouteilles emporte J. ?

72. (*) *J. achète 15 bouteilles d'huile, 12 bouteilles de vinaigre et 27 bouteilles d'eau. Combien de bouteilles emporte J. ?*

73. (*) Une histoire raconte : « Notre navire portait quatorze hommes, non compris le capitaine, son valet et moi ». Combien de personnes se trouvent sur le navire ?

74. (*) *Une histoire raconte :* « *Notre navire portait trente-deux hommes, non compris le capitaine, ses deux valet, moi et mon frère* ». *Combien de personnes se trouvent sur le navire ?*
75. (**) P. a 14 billes de plus que L. qui en possède 8. Combien de billes possède P. ?
76. (**) *P. a 9 billes de plus que L. qui en possède 12. Combien de billes possède P. ?*

**Exercices d'addition à plusieurs nombres**

77. (*) B. trouve 9 billes le matin et 7 billes l'après-midi qu'il ajoute aux 6 qu'il possédait déjà. Combien a-t-il de billes au final ?
78. (*) *C. trouve 3 billes le matin et 8 billes l'après-midi qu'il ajoute aux 7 qu'il possédait déjà. Combien a-t-elle de billes au final ?*
79. (*) J. trouve 23 billes le matin et 57 billes l'après-midi qu'il ajoute aux 67 qu'il possédait déjà. Combien a-t-il de billes au final ?
80. (*) *R. trouve 39 billes le matin et 78 billes l'après-midi qu'il ajoute aux 86 qu'il possédait déjà. Combien a-t-elle de billes au final ?*
81. (*) F. a 17 chevaux, 19 vaches et 23 moutons. Combien d'animaux possède-t-elle ?
82. (*) *G. a 24 chats, 34 chiens et 23 hamsters. Combien d'animaux possède-t-il ?*
83. (*) Les trois tomes d'une encyclopédie ont respectivement 576 pages, 488 pages et 584 pages. Quel est le nombre total de pages de cette encyclopédie ?
84. (*) *Les trois tomes d'une encyclopédie ont respectivement 458 pages, 516 pages et 554 pages. Quel est le nombre total de pages de cette encyclopédie ?*
85. (*) Une collectionneuse possède 237 timbres français et 179 timbres étrangers. Elle ajoute 187 timbres. Combien de timbres possède-t-elle désormais ?
86. (*) *Un collectionneur possède 187 timbres français et 273 timbres étrangers. Il ajoute 178 timbres. Combien de timbres possède-t-il désormais ?*
87. (**) L'ancienne région de Normandie se composait en 1996 des départements suivants : Calvados (627 271 habitants), Manche (493 799 habitants) et Orne (300 204 habitants). Quelle était la population totale de la région Normandie ?
88. (**) *L'ancienne région de Normandie se composait en 1997 des départements suivants : Calvados (641 868 habitants), Manche (480 858 habitants) et Orne (293 414 habitants). Quelle était la population totale de la région Normandie ?*
89. (***) Dans une usine automobile, on a produit en une journée 1 245 voitures blanches, 1 378 voitures grises et 874 voitures noires. Combien de voitures ont été produites en une journée ?
90. (***) *Dans une usine automobile, on a produit en une journée 1 458 voitures blanches, 1 289 voitures grises et 957 voitures noires. Combien de voitures ont été produites en une journée ?*

91. (***) Dans une réserve naturelle, les pépiniéristes ont planté 1 367 hêtres, 1 075 chênes et 963 ormes. Combien d'arbres ont été plantés ?

92. (***) *Dans une réserve naturelle, les pépiniéristes ont planté 809 saules, 1 407 peupliers et 1 854 frênes. Combien d'arbres ont été plantés ?*

93. (***) Calculer le nombre de jours de chaque trimestre d'une année non bissextile (mois de février de 28 jours).

94. (***) *Calculer le nombre de jours de chaque semestre d'une année non bissextile (mois de février de 28 jours).*

95. (***) J. possède quarante-trois billes vertes, cinquante-deux billes rouges, quatre-vingt-quatre billes bleues et soixante-cinq billes noires. Combien a-t-il de billes en tout ?

96. (***) *J. possède sept cent vingt-huit timbres français, deux cent soixante-quinze timbres italiens, huit cent soixante-dix-huit timbres allemands, mille dix-neuf timbres espagnols, deux mille cinquante américains et deux mille trois cent quarante-quatre timbres belges. Combien possède-t-il de timbres européens ?*

97. (***) K. possède 27 billes et est âgé 12 ans de plus que L. qui a 7 ans et qui possède 24 billes de plus que K. Combien de billes possède L ?

98. (***) *M. possède 31 billes et est âgé 9 ans de plus que N. qui a 6 ans et qui possède 17 billes de plus que M. Combien de billes possède N ?*

99. (***) Compléter les cases grises du tableau pour faire figurer les totaux suivants : nombre total de pulls taille S, nombre total de pulls taille M, nombre total de pulls taille L, nombre total de pulls bleus, nombre total de pulls verts, nombre total de pulls rouges. Le nombre total de pulls sera calculé de deux façons différentes, somme des tailles ou somme des couleurs. Il faut trouver le même nombre.

| | Pulls bleus | Pulls verts | Pulls rouges | |
|---|---|---|---|---|
| Taille S | 107 | 39 | 58 | |
| Taille M | 86 | 5 | 37 | |
| Taille L | 74 | 83 | 18 | |
| | | | | |

100. (***) *Compléter les cases grises du tableau pour faire figurer les totaux suivants : nombre total de vestes taille S, nombre total de vestes taille M, nombre total de vestes taille L, nombre total de vestes bleues, nombre total de vestes vertes, nombre total de vestes rouges. Le nombre total de pulls sera calculé de deux façons différentes, somme des tailles ou somme des couleurs. Il faut trouver le même nombre.*

| | vestes bleues | vestes vertes | vestes rouges | |
|---|---|---|---|---|
| Taille S | 114 | 28 | 61 | |
| Taille M | 47 | 12 | 28 | |
| Taille L | 75 | 69 | 37 | |
| | | | | |

## 2. LA SOUSTRACTION

La **soustraction** permet soit de calculer le **nombre d'éléments d'une partie** d'un groupe lorsqu'on connaît le nombre d'éléments de l'autre partie du groupe, soit de calculer **le nouveau nombre d'objets** d'un groupe après une diminution.

### Exemple 1

Un sac contient 13 billes, de couleur bleue ou rouge. Il y a 5 billes bleues. Combien il y a-t-il de billes rouges ?

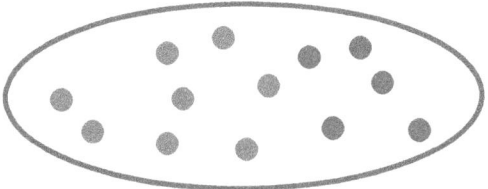

L'opération à effectuer est la soustraction, elle s'écrit avec le symbole « - »
13 – 5 = 8
et se lit « moins » : « treize moins cinq égale huit »

### Exemple 2

Un sac contient 13 billes et on en retire 3. Combien reste-t-il de billes en tout dans le sac ?

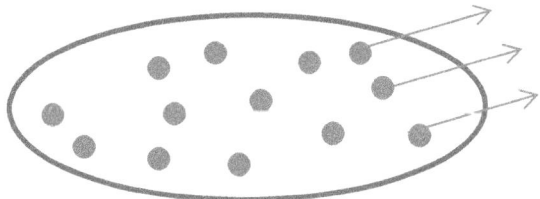

L'opération à effectuer est la soustraction, elle s'écrit avec le symbole « - »
13 – 3 = 10
et se lit « moins » : « treize moins trois égale dix »

Le résultat, le nombre restant de billes, s'appelle la **différence**.

Les noms des **termes** de la formule « a − b » sont le « diminuende » (a), et le « diminuteur » (b).

« La différence de huit et cinq fait treize ».

La soustraction n'est pas **commutative**. Pour l'instant, on soustraira uniquement un nombre à un nombre plus grand.

La soustraction n'est pas **associative**.

### Mode opératoire

Soustraire un nombre d'un autre plus grand consiste à soustraire les chiffres des unités entre eux, puis les chiffres des dizaines entre eux, puis les chiffres des centaines entre eux.

Ainsi, soustraire 43 de 257 consiste à effectuer les opérations suivantes :

Unités : 7 - 3 =4

Dizaines : 5 - 4 =1

Centaine : 2 - 0 =2

Le nombre est donc 2 centaines 1 dizaine 4 unités, c'est-à-dire 214.

Par commodité, on effectue l'opération en plaçant les nombres l'un au-dessus de l'autre, en positionnant les chiffres des unités au même endroit. Ainsi, pour soustraire 43 de 257 on pose les nombres ainsi en colonne :

$$\begin{array}{r} 257 \\ -\ 43 \\ \hline \end{array}$$

Puis on effectue les différences colonne par colonne en commençant par celle la plus à droite, puis en continuant vers la gauche :

« 7 – 3 » donne 4, « 5 – 4 » donne 1, « 2 – 0 » donne 2 :

$$\begin{array}{r} 257 \\ -\ \ 43 \\ \hline 214 \end{array}$$

La soustraction de 43 à 257 donne le résultat de 214. On remarquera que 214 + 43 = 257.

Il arrive que le chiffre du bas soit supérieur au chiffre du haut, comme par exemple dans « 154 – 28 ». Comme on ne peut que soustraire un nombre d'un nombre plus grand, il faut récupérer une dizaine dans la colonne suivante pour l'ajouter au chiffre du haut.

Unités : « 4 – 8 » n'est pas possible. On va ajouter 10 au chiffre des unités du nombre 154 et retirer une dizaine au nombre 154, qui devient en quelque sorte « 140 plus 14 ».

Ce qui revient à faire : 154 - 28 = (140 + 10 + 4) – 28 = (140 + 14) - 28

Unités : 14 – 8 = 6
Dizaines : 4 – 2 = 2
Centaines : 2 – 0 = 2

Au total il y a 6 unités, 2 dizaines et 2 centaines, c'est-à-dire le nombre 226. On remarque que 226 + 28 = 154.

Effectuons cette soustraction en colonne. On pose le plus grand nombre tout en haut :

$$
\begin{array}{r}
154 \\
-\ 28 \\
\end{array}
$$

Puis, comme « 4 – 8 » ne peut se faire, on barre le 4 et on écrit 14 au-dessus, on barre le 5, et on met 4 au-dessus. Ensuite, on effectue « (14) – 8 » qui donne 6, puis » 4 – 2 » qui donne 2, et « 1 – 0 » qui donne 1.

$$
\begin{array}{r}
^{4(14)} \\
1\cancel{54} \\
-\ \ 28 \\
\hline
126 \\
\end{array}
$$

La soustraction de 28 à 154 donne le résultat 126.

Si le cas se présente pour une autre colonne, on utilise la même technique. Par exemple, l'opération « 221 – 67 » se pose ainsi au niveau du calcul du chiffre des unités (11 – 7 = 8) :

$$
\begin{array}{r}
^{1(11)} \\
2\cancel{21} \\
-\ \ 67 \\
\hline
8 \\
\end{array}
$$

Puis ainsi au niveau de la colonne des dizaines (13 – 6 = 7) :

$$
\begin{array}{r}
^{1(13)} \\
^{\cancel{1}(11)} \\
2\cancel{21} \\
-\ \ 67 \\
\hline
78 \\
\end{array}
$$

Puis ainsi au niveau de la colonne des centaines (1 – 0 = 1) :

$$
\begin{array}{r}
^{1(13)} \\
^{\cancel{1}(11)} \\
2\cancel{21} \\
-\ \ 67 \\
\hline
178 \\
\end{array}
$$

La soustraction de 67 à 221 donne le résultat 178.

## Cas d'une soustraction multiple

Pour soustraire deux nombres à un troisième nombre N, on peut procéder en deux étapes.
Par exemple, pour calculer « 25 – 8 – 4 » on effectue d'abord « 25 – 8 » qui donne 17, puis on calcule « 17 – 4 » qui donne 13. Donc, « 25 – 8 - 4 = 13 ».

Une autre méthode consiste à effectuer d'abord la somme des deux nombres à soustraire, puis soustraire le résultat au nombre N.
Par exemple, « 25 – 8 - 4 = 25 – (8 + 4) = 25 - 12 = 13 »

## Entraînement de calcul de différence

101. Poser en colonne et effectuer les soustractions suivantes :
44-12 ; 12-5 ; 23-14 ; 34-12 ; 45-23 ; 47-38 ; 69-45 ; 324-123 ; 378-227 ; 245-67 ; 367-89 ; 78-23-12 ; 276-68-45 ; 124-34-45 ; 367-146-34 ;
789-237-387
102. Pour les soustractions de l'exercice 37, fournir l'addition qui peut être remarquée.
103. Effectuer les soustractions suivantes :
34-24 ; 45-41 ; 57-43 ; 52-28 ; 48-16 ; 147-48 ; 178-64
104. Effectuer les soustractions suivantes :
34-14 ; 45-31 ; 57-33 ; 52-18 ; 48-26 ; 147-88 ; 178-94
105. Effectuer les soustractions suivantes :
74-24 ; 55-41 ; 87-43 ; 42-28 ; 28-16 ; 157-48 ; 118-64
106. Effectuer les soustractions suivantes :
74-64 ; 95-91 ; 57-43 ; 72-68 ; 98-56 ; 248-49 ; 178-79
107. Effectuer les soustractions suivantes :
734-624 ; 845-741 ; 557-543 ; 752-288 ; 478-419 ; 747-648 ; 478-464
108. Effectuer les soustractions suivantes :
344-284 ; 415-341 ; 577-493 ; 532-298 ; 478-196 ; 447-438 ; 178-164
109. Effectuer les soustractions suivantes :
1 034-109 ; 2 445-249 ; 3 057-308 ; 2 152-1 928 ; 3 248-2 916 ; 4 3147-4 148
110. Effectuer les soustractions suivantes :
9 178-9 064 ; 9 875-8 968 ; 8 120-8 089 ; 4 035-3 987 ; 8 023-7 879 ; 4 506-3 978

**Modèle de rédaction de solution d'exercice**

« Un sac contient 13 billes et on en retire 8. Combien reste-t-il de billes en tout dans le sac ? »

> Calcul du nombre restant de billes
> $13 - 8 = 5$
> Il reste 5 billes dans le sac

**Exercices de soustraction à opération unique**

111. (*) P. avait 9 images. Il en donne 3. Combien d'images possède P. désormais ?

112. (*) *F. avait 12 images. Elle en donne 4. Combien d'images possède F. désormais ?*

113. (*) F. arrive à l'école avec 17 billes. Elle en perd 8 dans la journée. Avec combien de billes repart-elle chez elle ?

114. (*) *J. arrive à l'école avec 15 billes. Il en perd 9 dans la journée. Avec combien de billes repart-il chez lui ?*

115. (*) M. a 8 ans de moins que L. qui a 19 ans. Quel est l'âge de M. ?

116. (*) *M. a 7 ans de moins que L. qui a 22 ans. Quel est l'âge de M. ?*

117. (*) Il y a 52 places assises dans l'autobus scolaire. 38 élèves sont déjà installés. Combien de places libres reste-t-il ?

118. (*) *Il y a 58 places assises dans l'autobus scolaire. 42 élèves sont déjà installés. Combien de places libres reste-t-il ?*

119. (*) R. a lu les 76 premières pages d'un livre de 188 pages. Combien de pages lui reste-t-il à lire ?

120. (*) *S. a lu les 119 premières pages d'un livre de 254 pages. Combien de pages lui reste-t-il à lire ?*

121. (*) Le jour de la rentrée, l'instituteur n'a que 27 livres pour ses 33 élèves. Combien de livres lui manque-t-il ?

122. (*) *Le jour de la rentrée, l'institutrice n'a que 23 livres pour ses 34 élèves. Combien de livres lui manque-t-il ?*

123. (*) Une histoire raconte : « Nous partîmes 500, mais par un prompt renfort, nous nous vîmes 3000 en arrivant au port ». Combien de personnes sont arrivées en renfort ?

124. (*) *Une histoire raconte : « Nous partîmes 800, mais par un prompt renfort, nous nous vîmes 2000 en arrivant au port ». Combien de personnes sont arrivées en renfort ?*

125. (**) P. âgé de 17 ans a 8 ans de plus que T. Quel est l'âge de T. ?

126. (**) *P. âgé de 23 ans a 9 ans de plus que T. Quel est l'âge de T. ?*

127. (*) 97 concurrents ont pris le départ d'une course. 59 ont franchi la ligne d'arrivée. Combien de concurrents n'ont pas encore terminé la course ?

128. (*) *112 concurrentes ont pris le départ d'une course. 78 ont franchi la ligne d'arrivée. Combien de concurrentes n'ont pas encore terminé la course ?*

129. (*) Dans un cahier de 196 pages, M. en a déjà utilisé 139. Combien de pages blanches reste-t-il dans le cahier ?

130. (*) *Dans un cahier de 158 pages, M. en a déjà utilisé 97. Combien de pages blanches reste-t-il dans le cahier ?*

131. (*) Un stade peut contenir 4500 spectateurs. 2874 billets ont été vendus. Combien reste-t-il de places à vendre ?

132. (*) *Un stade peut contenir 3000 spectateurs. 1914 billets ont été vendus. Combien reste-t-il de places à vendre ?*

133. (*) J. a acheté 128 bouteilles d'eau, mais arrivé chez lui, il n'en a que 97. Combien de bouteilles a oubliées J. au magasin ?

134. (*) *K. a acheté 135 bouteilles d'eau, mais arrivé chez elle, elle n'en a que 108. Combien de bouteilles a oublié K. au magasin ?*

135. (*) Ce matin, R. est parti à l'école avec 76 billes. Le soir, il revient avec 94 billes. En a-t-il gagnées ou perdues ? Combien ?

136. (*) *Ce matin, T. est parti à l'école avec 97 billes. Le soir, elle revient avec 83 billes. En a-t-elle gagnées ou perdues ? Combien ?*

137. (**) F. arrive à l'école avec 57 billes. Elle en perd 9, puis en perd encore 17 dans la journée. Avec combien de billes repart-elle chez elle ?

138. (**) *G. arrive à l'école avec 61 billes. Il en perd 14, puis en perd encore 8 dans la journée. Avec combien de billes repart-il chez lui ?*

139. (*) Un autocar scolaire compte 56 places assises. Au premier arrêt, 28 élèves montent dans l'autocar. Au deuxième arrêt, 14 élèves montent et 6 élèves descendent. Combien reste-t-il de places libres dans l'autocar ?

140. (*) *Un autocar scolaire compte 60 places assises. Au premier arrêt, 35 élèves montent dans l'autocar. Au deuxième arrêt, 17 élèves montent et 5 élèves descendent. Combien restent-ils de places libres dans l'autocar ?*

141. (*) D. arrive le matin à l'école avec 45 billes. Il en gagne 27, et en perd 44. Avec combien de billes D. retourne le soir chez lui ?

142. (*) *E. arrive le matin à l'école avec 38 billes. Il en gagne 34, et en perd 17. Avec combien de billes E. retourne le soir chez elle ?*

143. (*) M. a confectionné 62 pots de miel, soit 18 de moins que l'année dernière. Combien en avait-elle confectionnés l'année dernière ?

144. (*) *N. a confectionné 57 pots de miel, soit 24 de moins que l'année dernière. Combien en avait-il confectionnés l'année dernière ?*

145. (**) B. achète un ticket de bus à 2 € et un carnet de 10 tickets. Il a payé en tout 23 €. Combien a-t-il payé pour le carnet de 10 tickets ? Pour les déplacements de ses enfants, Il doit acheter 35 tickets. Combien doit-il alors payer ?

## Exercices d'addition et de soustraction à calculs intermédiaires

146. (*) Chez l'épicier, D. achète une caisse de 25 pêches et une autre caisse qui en contient 7 de plus. Combien de pêches a achetées D. au total ?

147. (*) *Chez l'épicier, D. achète une caisse de 32 pêches et une autre caisse qui en contient 9 de plus. Combien de pêches a achetées D. au total ?*

148. (*) Chez l'épicier, D. achète une caisse de 25 pêches et une autre caisse qui en contient 7 de moins. Combien de pêches a achetées D. au total ?

149. (*) *Chez l'épicier, D. achète une caisse de 36 pêches et une autre caisse qui en contient 9 de moins. Combien de pêches a achetées D. au total ?*

150. (*) Chez l'épicier, D. achète une caisse de 25 pêches, une autre caisse qui en contient 7 de moins et une troisième qui en contient 6 de plus que la deuxième. Combien de pêches a achetées D. au total ?

151. (*) *Chez l'épicier, D. achète une caisse de 36 pêches, une autre caisse qui en contient 9 de moins et une troisième qui en contient 12 de plus que la deuxième. Combien de pêches a achetées D. au total ?*

152. (**) Au 12 février d'une année non bissextile, combien de jours reste-t-il avant la fin du premier trimestre ?

153. (**) *Au 5 mai, combien de jours reste-t-il avant la fin du deuxième trimestre ?*

154. (*) A un péage d'autoroute, 45 véhicules (voiture ou camion) sont passés le matin, et 78 l'après-midi. Parmi tous ces véhicules, 36 étaient des camions. Combien de voitures sont passées à ce péage dans la journée ?

155. (*) *A un péage d'autoroute, 93 véhicules (voiture ou camion) sont passés le matin, et 89 l'après-midi. Parmi tous ces véhicules, 65 étaient des camions. Combien de voitures sont passées à ce péage dans la journée ?*

156. (**) A un péage d'autoroute, 4589 véhicules (voiture, camion ou motocyclettes) sont passés le matin, et 5678 l'après-midi. Parmi tous ces véhicules, 1456 étaient des camions et 135 des motocyclettes. Combien de voitures sont passées à ce péage dans la journée ?

157. (**) *A un péage d'autoroute, 5893 véhicules (voiture, camion ou motocyclettes) sont passés le matin, et 3899 l'après-midi. Parmi tous ces véhicules, 1065 étaient des camions et 205 des motocyclettes. Combien de voitures sont passées à ce péage dans la journée ?*

158. (**) Le matin S. gagne 37 billes, et l'après-midi elle en perd 65. Le soir, S. rentre chez elle avec 23 billes. Combien de billes avait S. le matin ?

159. (**) *Le matin S. gagne 29 billes, et l'après-midi elle en perd 49. Le soir, S. rentre chez elle avec 37 billes. Combien de billes avait S. le matin ?*

160. (**) Dans une classe, il y a 25 garçons et 6 filles de moins que de garçons. Combien y a-t-il d'élèves en tout dans la classe ?

161. (**) *Dans une classe, il y a 23 filles et 7 garçons de moins que de filles. Combien y a-t-il d'élèves en tout dans la classe ?*

162. (**) Une épidémie s'est déclarée dans une école qui compte 125 élèves. Le lundi, il y a 15 absents. Le mardi, il y a 12 absents de plus que le lundi. Combien y a-t-il d'élèves présents le mardi ?

163. (**) *Une épidémie s'est déclarée dans une école qui compte 119 élèves. Le lundi, il y a 21 absents. Le mardi, il y a 9 absents de plus que le lundi. Combien y a-t-il d'élèves présents le mardi ?*

164. (***) J. a 8 ans. B. a 3 ans de moins que J., et A. un an de plus que B. L'âge de L. est la somme des âges de B. et J. Quelle est la différence d'âge entre A. et L. ?

165. (***) *J. a 15 ans. B. a 7 ans de moins que J., et A. 3 an de plus que B. L'âge de L. est la somme des âges de B. et J. Quelle est la différence d'âge entre A. et L. ?*

166. (***) Un musée a reçu 337 visiteurs le samedi, soit 225 de plus que le vendredi, mais 149 de moins que le dimanche et 58 de moins que le mercredi. Le musée a enregistré pour la semaine 1428 entrées. Sachant que le musée est fermé le lundi et le mardi, combien de visiteurs sont venus le jeudi ?

167. (***) *Un musée a reçu 309 visiteurs le samedi, soit 158 de plus que le vendredi, mais 97 de moins que le dimanche et 67 de moins que le mercredi. Le musée a enregistré pour la semaine 1397 entrées. Sachant que le musée est fermé le lundi et le mardi, combien de visiteurs sont venus le jeudi ?*

168. (****) Compléter les cases grises du tableau pour faire figurer dans l'ordre les nombres suivants : nombre total de pulls bleus, nombre de pulls bleus taille S, nombre de pulls verts taille M, nombre de pulls verts taille S, nombre de pulls rouges taille L, nombre de pulls rouges taille S, nombre total de pulls taille S.

|  | Pulls bleus | Pulls verts | Pulls rouges | |
|---|---|---|---|---|
| Taille S |  |  |  | |
| Taille M | 86 |  | 37 | 155 |
| Taille L | 74 | 83 |  | 175 |
|  | 127 | 109 | 518 | |

169. (****) *Compléter les cases grises du tableau pour faire figurer dans l'ordre les nombres suivants : nombre total de pulls verts, nombre de pulls verts taille M, nombre de pulls rouges taille L, nombre de pulls rouges taille M, nombre total de pulls taille M, nombre de pulls bleus taille S, nombre de pulls bleus taille M.*

|  | Pulls bleus | Pulls verts | Pulls rouges | |
|---|---|---|---|---|
| Taille S |  | 37 | 54 | 139 |
| Taille M |  |  |  | |
| Taille L | 52 | 29 |  | 149 |
|  | 128 |  | 211 | 481 |

## 3. LA MULTIPLICATION

La **multiplication** permet de calculer le nombre total d'objets contenus dans plusieurs groupes (ou paquets) de même effectif (nombre) au lieu de poser une longue addition.

**Exemple**
Trois sacs contiennent chacun 5 billes. Combien y a-t-il de billes en tout dans les trois sacs ?

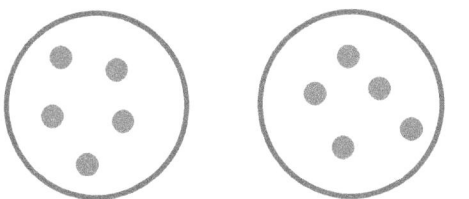 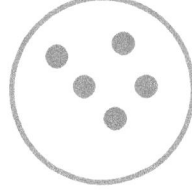

Au lieu de poser l'addition    5+5+5    on remarque qu'on additionne trois fois le nombre 5.
Le **multiplicande** 5 est multiplié par le **multiplicateur** 3.

L'opération à effectuer est la multiplication, elle s'écrit avec le symbole « **x** » et se lit « fois », ou « multiplié par » : « trois fois cinq égale quinze », « trois multiplié par cinq égale quinze ».
Ainsi, la somme « 5+5+5 » s'écrira « 5 x 3 ».
Les nombres multipliés entre eux s'appellent les **facteurs** de la multiplication (le multiplicande est le premier facteur, le multiplicateur est le second).
Le résultat, le nombre total de billes, s'appelle le **produit**.
C'est également la multiplication qui est utilisé dans les situations de pavages, lorsqu'une surface rectangulaire est recouverte de carreaux. Les deux pavages ci-dessous, de 3 lignes sur 5 colonnes pour le premier, et de 5 lignes sur 3 colonnes pour le second, contiennent le même nombre de carreaux.

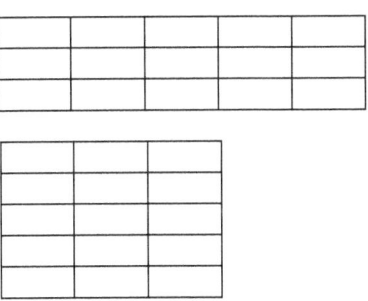

Pour calculer le nombre de carreaux, on multiplie le nombre de lignes par le nombre de colonnes, ou le nombre de colonnes par le nombre de lignes. La multiplication est donc **commutative** c'est-à-dire que l'opération ne dépend pas de l'ordre des nombres. L'opération 3 x 5 donne le même résultat que 5 x 3.

La multiplication est **associative** c'est-à-dire qu'elle peut être décomposée en deux (ou plusieurs) sous-multiplications.

Ainsi, avec le produit « 3 x 5 x 4 », on peut soit considérer que le multiplicande est 3, le multiplicateur est (5 x 4) :

3 x (5 x 4) = 3 x 20 = 60

Mais on peut aussi considérer que le multiplicande est (3 x 5), le multiplicateur est alors 4 :

(3 x 5) x 4 = 15 x 4 = 60

Le produit est également **distributif**. C'est-à-dire qu'il est possible de subdiviser un des facteurs.

Dans le cas de 7 paquets de 8, (7 x 8), cela consiste par exemple à considérer que 7 est la somme de 3 et 4, puis de calculer le contenu de 3 paquets de 8, (3 x 8 = 24), puis le contenu de 4 paquets de 8, (4 x 8 = 32), et ensuite d'additionner les deux produits obtenus, (24+32 = 56).

*Nous verrons dans un chapitre ultérieur qu'en écriture mathématique, cela s'écrit :*
*7 x 8 = (3+4) x 8 = (3 x 8) + (4 x 8) = 24 + 56*

Dans le cas d'un pavage 7 par 8, cela consiste à le séparer en deux (ou plusieurs) sous-pavages, comme par exemple ci-dessous, un sous-pavage gris de 3 par 8 et un sous-pavage blanc de 4 par 8.

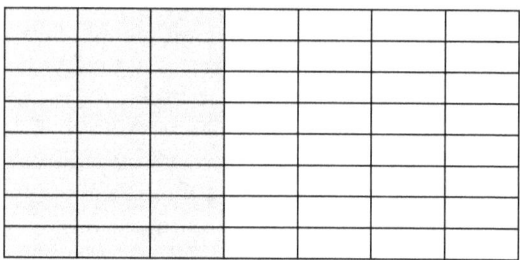

## Mode opératoire

- Cas de nombres à un chiffre :

Multiplier deux nombres à un chiffre consiste à effectuer une addition multiple. Ainsi « 6 x 7 » correspond à l'addition « 6+6+6+6+6+6+6 » ou à l'addition « 7+7+7+7+7+7 ».

**Mais il est plus efficace de connaître par cœur les résultats de toutes les multiplications faisant intervenir des nombres à un chiffre.** Pour cela, on utilise les tables de multiplication (voir en annexe).

D'ailleurs, pour réussir en mathématiques au Collège, la maitrise des tables de multiplication est **indispensable** pour effectuer les exercices élémentaires : simplification de fractions, factorisation, résolution d'équations…

L'ouvrage « Manuel de calcul mental » du même auteur permet de s'entrainer efficacement au calcul mental.

- Cas d'un nombre à deux chiffres multiplié par un nombre à un chiffre :

La propriété de distributivité permet de simplifier l'opération.

Dans la multiplication de 14 par 2, on décompose 14 en 1 dizaine et 4 unités. L'opération 14 x 2 se décompose donc en :

1 dizaine fois 2 : 1 x 2 = 2 dizaines (20)
4 unités fois 2 : 4 x 2 = 8 unités (8)

Le résultat est donc : 2 dizaines 8 unités, c'est-à-dire 28.

14 x 2 = 28

Par commodité, on effectue l'opération en plaçant les nombres l'un au-dessus de l'autre, en positionnant les chiffres des unités au même endroit. Ainsi, pour multiplier 14 par 2 on pose les nombres ainsi en colonne :

$$
\begin{array}{r}
14 \\
\underline{\times\ 2} \\
\end{array}
$$

On effectue les produits pour chaque chiffre du nombre à deux chiffres en commençant par celui le plus à droite, puis en continuant vers la gauche.

4 x 2 = 8, on écrit 8 sous la colonne des unités :

$$
\begin{array}{r}
14 \\
\underline{\times\ 2} \\
8 \\
\end{array}
$$

Puis, 1 x 2 = 2, on écrit 2 sous la colonne des dizaines :

$$
\begin{array}{r}
14 \\
\underline{\times\ 2} \\
28 \\
\end{array}
$$

14 x 2 = 28

**Entraînement de calcul de produit**

170. Poser en colonne et effectuer les multiplications suivantes :
12 x 3 ; 22 x 4 ; 42 x 2 ; 21 x 4 ; 24 x 2 ; 23 x 3 ; 32 x 2 ; 43 x 2 ; 42 x 3

• Cas de de produit supérieur à 10 :
Lorsque le résultat de la multiplication du chiffre des unités du haut par le chiffre des unités du bas donne un résultat à deux chiffres, on pose le chiffre des dizaines du résultat au-dessus du chiffre des unités du nombre du haut.
Ainsi, dans la multiplication de 14 par 3, 4 x 3 donne 12. On écrit 2 sous la colonne des unités, et on écrit 1 au-dessus de la colonne des dizaines.

$$\begin{array}{r} 1 \\ 14 \\ \underline{\times\, 3} \\ 2 \end{array}$$

Puis on continue avec le chiffre des dizaines du nombre du haut, 1 x 3 = 3, et on ajoute le chiffre écrit au-dessus (1) qui se nomme la « retenue » car auparavant, il fallait retenir ce chiffre dans sa mémoire.
3+1 = 4, on écrit 4 sous la colonne des dizaines :

$$\begin{array}{r} 1 \\ 14 \\ \underline{\times\, 3} \\ 42 \end{array}$$

14 x 3 = 42

**Entraînement de calcul**

171. Poser en colonne et effectuer les multiplications suivantes :
12 x 5 ; 23 x 4 ; 45 x 2 ; 34 x 3 ; 47 x 3 ; 48 x 3 ; 34 x 6 ; 45 x 7 ; 67 x 9 ; 98 x 8
172. Poser en colonne et effectuer les multiplications suivantes :
14 x 6 ; 43 x 7 ; 47 x 3 ; 34 x 4 ; 37 x 4 ; 38 x 5 ; 24 x 7 ; 45 x 6 ; 57 x 8 ; 89 x 9

• Cas de deux nombres à plusieurs chiffres :
La propriété de distributivité permet de simplifier l'opération.
Multiplier deux nombres à plusieurs chiffres consiste à multiplier chaque chiffre du premier nombre par le second nombre.
Dans la multiplication de 13 par 21, on décompose 13 en 1 dizaine et 3 unités et 21 en 2 dizaines et 1 unité. L'opération 13 x 21 se décompose en :
1 dizaine par 2 dizaines : 2 dizaines de dizaines (2 centaines)
1 dizaine par 1 unité : 1 dizaine
3 unités par 2 dizaines : 6 dizaines
3 unités par 1 unité : 3 unités
On a donc au final : 2 centaines, 7 dizaines et 3 unités : 273.

Par commodité, on effectue l'opération en plaçant les nombres l'un au-dessus de l'autre, en positionnant les chiffres des unités au même endroit. Ainsi, pour additionner 253 et 43 on pose les nombres ainsi en colonne :

$$
\begin{array}{r}
13 \\
\times\,21 \\
\hline
\end{array}
$$

On effectue les produits pour le chiffre des unités du nombre du bas avec chaque chiffre du nombre du haut en commençant par celui le plus à droite, puis en continuant vers la gauche.

1 x 3 = 3 : on écrit 3 sous la colonne des unités, en laissant un peu de place pour les éventuelles retenues de l'addition qui sera effectuée plus tard :

$$
\begin{array}{r}
13 \\
\times\,21 \\
\hline
3
\end{array}
$$

On effectue ensuite 1 x 1 = 1 et on pose le 1 sous la colonne des dizaines :

$$
\begin{array}{r}
13 \\
\times\,21 \\
\hline
13
\end{array}
$$

On passe maintenant à la multiplication du chiffre des dizaines du nombre du bas avec les chiffres du nombre du haut. Puisqu'il s'agit de dizaine, on va placer un **0** sous la colonne des unités (il sera indiqué en plus petit dans cet ouvrage) :

$$
\begin{array}{r}
13 \\
\times\,21 \\
\hline
13 \\
0
\end{array}
$$

On peut alors procéder comme avec le chiffre des unités. On multiplie 2 et 3, et on écrit le résultat sous la colonne des dizaines :

$$
\begin{array}{r}
13 \\
\times\,21 \\
\hline
13 \\
60
\end{array}
$$

On multiplie ensuite 2 par 1 et on écrit le résultat sous la colonne suivante, celle des centaines :

```
    13
  x 21
    13
   260
```

Il ne reste plus qu'à effectuer la somme des deux nombres obtenus, comme on l'a vu au chapitre de l'addition :

```
    13
  x 21
    13
 + 260
   273
```

13 x 21 = 273

**Entraînement de calcul avec deux nombres à deux chiffres**
173.  Poser en colonne et effectuer les multiplications suivantes :
      67 x 73 ; 45 x 89 ; 38 x 58 ; 76 x 55 ; 89 x 98; 87 x 89 ; 37 x 76
174.  Poser en colonne et effectuer les multiplications suivantes :
      23 x 21 ; 12 x 32 ; 23 x 12 ; 32 x 12 ; 42 x 11
175.  Poser en colonne et effectuer les multiplications suivantes :
      12 x 15 ; 23 x 14 ; 45 x 12 ; 34 x 23 ; 47 x 33
176.  Poser en colonne et effectuer les multiplications suivantes :
      14 x 46 ; 43 x 57 ; 47 x 73 ; 34 x 54 ; 37 x 64

Si l'addition comporte des retenues, on les positionne juste au-dessus du premier nombre de l'addition, dans l'espace laissé libre :

```
    56
  x 11
   1
    56
 + 560
   616
```

On peut également avoir le cas de retenues multiplicatives et de retenues additives :

```
   12
   57
  x 23
   1
   171
 + 1140
  1311
```

Cette opération est le résultat de la réflexion suivante :

« 3 fois 7 font 21, j'écris 1 en bas et j'écris 2 de retenue en haut. Ensuite 3 fois 5 font 15, plus le 2 de retenue font 17 que j'écris en bas. Je passe au chiffre des dizaines du nombre du bas, donc j'écris un 0 en bas tout de suite. Ensuite 2 fois 7 font 14, j'écris 4 en bas, et j'écris 1 de retenue en haut. 2 fois 5 font 10, plus le 1 de retenue font 11 que j'écris en bas. Puis, je fais l'addition de 171 et 1140 qui donne 1311. »

## Entraînement de calcul avec retenues

177. Poser en colonne et effectuer les multiplications suivantes :
57 x 78 ; 89 x 89 ; 83 x 81 ; 92 x 38 ; 73 x 72 ; 39 x 85 ; 48 x 49 ; 67 x 85
178. Poser en colonne et effectuer les multiplications suivantes:
67 x 11 ; 98 x 18 ; 48 x 43 ; 34 x 26 ; 45 x 27
179. Poser en colonne et effectuer les multiplications suivantes :
38 x 75 ; 24 x 67 ; 45 x 86 ; 34 x 76 ; 64 x 88
180. Poser en colonne et effectuer les multiplications suivantes :
56 x 88 ; 34 x 67 ; 76 x 45 ; 98 x 23 ; 77 x 33 ; 78 x 99

## Modèle de rédaction de solution d'exercice

« Trois sacs contiennent chacun 5 billes. Combien y a-t-il de billes en tout dans les trois sacs ? »

Calcul du nombre total de billes
5 x 3 = 15
Il y a 15 billes au total.

## Exercices de multiplication à opération unique

181. (*) Un train est composé de 7 wagons de 35 places chacun. Combien de places contient le train ?
182. (*) *Un train est composé de 6 wagons de 42 places chacun. Combien de places contient le train ?*
183. (*) Pour faire un collier, il faut 18 perles. Combien de perles sont nécessaires pour réaliser 8 colliers ?
184. (*) *Pour faire un collier, il faut 22 perles. Combien de perles sont nécessaires pour réaliser 6 colliers ?*
185. (*) Le sol d'une cuisine est carrelé de 12 lignes par 6 colonnes. Combien de carreaux couvrent le sol ?
186. (*) *Le sol d'une cuisine est carrelé de 13 lignes par 8 colonnes. Combien de carreaux couvrent le sol ?*
187. (*) Un verger se compose de 14 lignes de 8 arbres chacune. Combien y a-t-il d'arbres dans le verger ?

188. (*) *Un verger se compose de 17 lignes de 9 arbres chacune. Combien y a-t-il d'arbres dans le verger ?*

189. (*) Combien de passagers peuvent être pris en charge par 7 autocars de 55 places chacun ?

190. (*) *Combien de passagers peuvent être pris en charge par 9 autocars de 48 places chacun ?*

191. (*) Un pâtissier commande neuf douzaines d'œufs pour préparer des galettes. Combien d'œufs a-t-il achetés ?

192. (*) *Un boulanger commande huit douzaines d'œufs pour préparer des gâteaux. Combien d'œufs a-t-il achetés ?*

193. (*) Dans un immeuble, on dénombre 17 marches entre chaque étage. Combien de marches faut-il gravir pour se rendre du rez-de-chaussée au vingtième étage ?

194. (*) *Dans un immeuble, on dénombre 19 marches entre chaque étage. Combien de marches faut-il gravir pour se rendre du rez-de-chaussée au seizième étage ?*

195. (*) Sur une tour de 38 niveaux, on peut dénombrer 96 fenêtres à chaque niveau. Quel est le nombre total de fenêtres ?

196. (*) *Sur une tour de 24 niveaux, on peut dénombrer 68 fenêtres à chaque niveau. Quel est le nombre total de fenêtres ?*

197. (**) Un cahier est composé de 96 pages de 26 lignes chacune. Combien de lignes y a-t-il au total dans le cahier ?

198. (**) *Un cahier est composé de 84 pages de 24 lignes chacune. Combien de lignes y a-t-il au total dans le cahier ?*

199. (**) Une pommeraie se compose de 68 arbres. En moyenne, ils donnent chacun 148 pommes. Combien de pommes seront récoltées ?

200. (**) *Une pommeraie se compose de 64 arbres. En moyenne, ils donnent chacun 157 pommes. Combien de pommes seront récoltées ?*

201. (**) Dans un collège, il y a 25 classes de 24 élèves. Combien y a-t-il d'élèves en tout dans ce collège ?

202. (**) *Dans un collège, il y a 22 classes de 28 élèves. Combien y a-t-il d'élèves en tout dans ce collège ?*

## Exercices de multiplication à opérations multiples

203. (*) Un sachet de billes contient 8 billes. Un carton contient 12 sachets. Une caisse contient 16 cartons. Combien de billes contient une caisse ?

204. (*) *Un sachet de billes contient 6 billes. Un carton contient 14 sachets. Une caisse contient 15 cartons. Combien de billes contient une caisse ?*

205. (*) Un sachet de billes contient 12 billes. Un carton contient 14 sachets. Une caisse contient 12 cartons. Combien de billes contient une caisse ?

206. (*) *Un sachet de billes contient 8 billes. Un carton contient 14 sachets. Une caisse contient 12 cartons. Combien de billes contient une caisse ?*

207. (*) Un directeur d'école reçoit 30 pochettes contenant 150 feuilles de papier à dessin chacune et 20 paquets de 65 feuilles d'écriture chacun. Calculer le nombre total de feuilles reçues par le directeur.
208. (*) *Une directrice d'école reçoit 52 pochettes contenant 110 feuilles de papier à dessin chacune et 26 paquets de 50 feuilles d'écriture chacun. Calculer le nombre total de feuilles reçues par la directrice.*
209. (*) Un directeur d'école reçoit 45 pochettes contenant 120 feuilles de papier à dessin chacune et 14 paquets de 62 feuilles d'écriture chacun. Calculer le nombre total de feuilles reçues par le directeur.
210. (*) *Une directrice d'école reçoit 45 pochettes contenant 120 feuilles de papier à dessin chacune et 25 paquets de 56 feuilles d'écriture chacun. Calculer le nombre total de feuilles reçues par la directrice.*
211. (*) Une salle de cinéma compte 36 rangées de 24 fauteuils chacune. Si la salle est pleine et que chaque spectateur achète cinq bonbons, combien de bonbon seront vendus au total ?
212. (*) *Une salle de cinéma compte 28 rangées de 26 fauteuils chacune. Si la salle est pleine et que chaque spectateur achète six bonbons, combien de bonbon seront vendus au total ?*
213. (*) Pour soigner sa toux, J. doit prendre 25 gouttes d'un médicament 2 fois par jour pendant 15 jours. Combien de gouttes prendra-t-elle au cours de ce traitement ?
214. (*) *Pour soigner sa bronchite, L. doit prendre 22 gouttes d'un médicament 3 fois par jour pendant 21 jours. Combien de gouttes prendra-t-il au cours de ce traitement ?*
215. (*) Pour soigner sa toux, J. doit prendre 15 gouttes d'un médicament 3 fois par jour pendant 30 jours. Combien de gouttes prendra-t-elle au cours de ce traitement ?
216. (*) *Pour soigner sa bronchite, L. doit prendre 12 gouttes d'un médicament 2 fois par jour pendant 30 jours. Combien de gouttes prendra-t-il au cours de ce traitement ?*
217. (*) Pour soigner sa toux, J. âgée de 25 ans doit prendre 3 fois par jour pendant 20 jours 5 gouttes d'un médicament contenu dans une bouteille de 75 cl. Combien de gouttes prendra-t-elle au cours de ce traitement ?
218. (*) *Pour soigner sa bronchite, L. qui pèse 42 kg doit prendre 3 fois par jour pendant 10 jours 10 gouttes d'un médicament contenu dans une bouteille de 10 cl. Combien de gouttes prendra-t-il au cours de ce traitement ?*

**Exercices mixtes à calculs intermédiaires**

219. (*) Un négociant en fruits reçoit sa livraison qui se compose de 3 caisses de 24 oranges chacune, 5 caisses de 22 pommes chacune et 8 caisses de 18 poires chacune. Combien de caisses reçoit-il ? Combien de fruits reçoit-il au total ?

220. (*) *Un négociant en fruits reçoit sa livraison qui se compose de 6 caisses de 23 oranges chacune, 7 caisses de 18 pommes chacune et 9 caisses de 16 poires chacune. Combien de caisses reçoit-il ? Combien de fruits reçoit-il au total ?*

221. (*) Dans un tournoi de rugby, 9 équipes de 15 joueurs se rencontrent. A la mi-temps, chaque joueur reçoit une pomme et trois abricots. Combien de fruits au total seront achetés pour tous les joueurs ?

222. (*) *Dans un tournoi de football, 14 équipes de 11 joueurs se rencontrent. A la mi-temps, chaque joueur reçoit deux abricots et trois oranges. Combien de fruits au total seront achetés pour tous les joueurs ?*

223. (*) Un potier peut réaliser 26 poteries en une semaine. Combien de poteries peuvent réaliser 6 potiers en 8 semaines ?

224. *Un verrier peut réaliser 24 flacons en une semaine. Combien de flacons peuvent réaliser 7 verriers en 9 semaines ?*

225. (*) Un peintre peut peindre 24 maisons en deux mois. Combien de maisons peuvent être peintes par 7 peintres en 4 mois?

226. (*) *Un potier peut réaliser 14 poteries en deux jours. Combien de poteries peuvent réaliser 6 potiers en 8 semaines ?*

227. (*) D. a pêché 18 poissons, et C. en a pêché deux fois plus. Combien de poissons rapportent-ils à eux deux ?

228. (*) *D. a pêché 14 poissons, et C. en a pêché trois fois plus. Combien de poissons rapportent-ils à eux deux ?*

229. (*) D. a gagné 24 billes, et C. en a gagnées cinq fois plus. Combien de billes ont-ils gagnées à eux deux ?

230. (*) *D. a gagné 32 billes, et C. en a gagnées quatre fois plus. Combien de billes ont-ils gagnées à eux deux ?*

231. (**) Une boutique avait en stock le matin 28 caisses de 6 bouteilles d'huile chacune. Le soir, il reste 17 caisses pleines en stock. Combien de bouteilles d'huile ont été vendues ?

232. (**) *Une boutique avait en stock le matin 21 caisses de 5 bouteilles d'huile chacune. Le soir, il reste 9 caisses pleines en stock. Combien de bouteilles d'huile ont été vendues ?*

233. (**) Chez l'épicier, D. achète trois caisses de 25 pêches et deux autres qui en contiennent chacune 7 de moins. Combien de pêches a achetées D. au total ?

234. (**) *Chez l'épicier, D. achète quatre caisse de 32 pêches et trois autres qui en contiennent chacune 9 de moins. Combien de pêches a achetées D. ?*

235. (**) C. a acheté 15 pochettes de 6 images qu'il a toutes collées dans son album. Il lui en manque 25 pour terminer l'album. Combien d'images y aura-t-il au total dans l'album ?

236. (**) *C. a acheté 17 pochettes de 5 images qu'il a toutes collées dans son album. Il lui en manque 19 pour terminer l'album. Combien d'images y aura-t-il au total dans l'album ?*

237. (**) Dans une école, il y a 4 classes de 24 élèves, 3 classes de 22 élèves et 2 classes de 18 élèves. Calculer le nombre total d'élèves.

238. (**) *Dans une école, il y a 5 classes de 23 élèves, 3 classes de 21 élèves et 3 classes de 19 élèves. Calculer le nombre total d'élèves.*

239. (***) Une boutique avait en stock le matin 28 caisses de 6 bouteilles d'huile chacune. Le soir, il reste 17 caisses pleines et 4 bouteilles. Combien de bouteilles d'huile ont été vendues ?

240. (***) *Une boutique avait en stock le matin 21 caisses de 5 bouteilles d'huile chacune. Le soir, il reste 9 caisses pleines et 3 bouteilles. Combien de bouteilles d'huile ont été vendues ?*

241. (***) B. a lu deux ouvrages de 158 pages chacun, tandis que C. a lu 4 ouvrages de 73 pages chacun. Combien de pages de plus a lues B. ?

242. (***) *F. a lu quatre ouvrages de 98 pages chacun, tandis que G. a lu 3 ouvrages de 58 pages chacun. Combien de pages de plus a lues F. ?*

243. (***) F. emporte une caisse de 47 livres et une autre qui en contient deux fois plus. Combien de livres a emportés F. ?

244. (***) *G. emporte une caisse de 54 livres et une autre qui en contient trois fois plus. Combien de livres a emportés G. ?*

245. (***) H. part à l'école avec 117 billes. Au retour, il en a trois fois plus. Combien de billes a gagnées H. ?

246. (***) *J. part à l'école avec 109 billes. Au retour, il en a deux fois plus. Combien de billes a gagnées J. ?*

247. (***) H. part à l'école avec 107 billes. A midi, il en a deux fois plus, et le soir, il en a 28 de plus qu'à midi. Combien de billes a gagnées H. ?

248. (***) *J. part à l'école avec 89 billes. A midi, il en a trois fois plus, et le soir, il en a 17 de moins qu'à midi. Combien de billes a gagnées J. ?*

249. (***) H. part à l'école avec 68 billes. A midi, il en a deux fois plus, et l'après-midi, il en gagne 12 de plus que ce qu'il a gagné le matin. Combien de billes H. a-t-il le soir ?

250. (***) *J. part à l'école avec 97 billes. A midi, il en a trois fois plus, et l'après-midi, il en gagne 28 de moins que ce qu'il a gagné le matin. Combien de billes J. a-t-il le soir ?*

251. (****) J. possède 50 billes, soit 16 de plus que H. A midi, H. a deux fois plus de billes que le matin, et le soir, J. a 28 billes de plus que le midi. Combien de billes possèdent chaque enfant le soir ?

252. (****) *J. possède 40 billes, soit 8 de plus que H. A midi, H. a deux fois plus de billes que le matin, et le soir, J. a 14 billes de plus que le midi. Combien de billes possèdent chaque enfant le soir ?*

253. (****) J. possède 8 billes le dimanche soir. Le lundi, il en gagne le double. Le mardi il en gagne 3 de moins que ce qu'il a gagné le lundi. Le mercredi, il en gagne le même nombre qu'il possède le matin. Le jeudi, il en gagne 4 de plus que la veille, et le vendredi, il en gagne deux fois plus qu'il en a gagnées mercredi. Combien de billes a-t-il le vendredi soir ?

254. (****) *F. possède 7 billes le dimanche soir. Le lundi, il en gagne le triple. Le mardi il en gagne 4 de moins que ce qu'il a gagné le lundi. Le mercredi, il en*

*gagne le même nombre qu'il possède le matin. Le jeudi, il en gagne 6 de plus que la veille, et le vendredi, il en gagne trois fois plus qu'il en a gagnées mercredi. Combien de billes a-t-elle le vendredi soir ?*

255. (****) Je pense à un nombre et je lui ajoute 15. Je divise le résultat par 5, puis je retranche 23. Je divise ce que j'obtiens par 4 et je trouve 20. De quel nombre suis-je parti ?

256. (****) Dans un composteur, le nombre de lombrics double tous les trois mois. S'il y en a 500 au départ, combien de lombrics obtient-on au bout d'un an ?

257. (****) Dans un cinéma il y a 24 rangées de 37 fauteuils. Le prix d'une entrée est de 7 euros. Quelle serait la recette (l'argent récolté) d'une soirée si 18 rangées sont pleines ?

258. (****) La production de melons en France en 2013 était de 267 712 tonnes dont 107 412 tonnes produites dans le Sud-Est, 92 461 tonnes produites dans le Centre-Ouest et de 66 665 tonnes produites dans le Sud-Ouest. Quelle est la production de melons dans le reste de la France ?

259. Dans un livre, on compte en moyenne 10 mots par ligne et 22 lignes par page. Combien de mots comporte au total un roman de 300 pages pour le premier tome, 340 pages pour le deuxième tome et 280 pages pour le troisième tome ?

260. Une camionnette transportant 15 caisses identiques de 25 kg pèse 3 tonnes. Quelle est le poids de la camionnette vide ?

261. R. achète une voiture de 7800 euros. Il doit faire un emprunt pour financer cet achat. Avec un emprunt, on rembourse davantage que ce qui est emprunté. La différence s'appelle les intérêts.
Il choisit un crédit avec un remboursement de 60 paiements mensuels de 144 euros. Quel est le remboursement total? Quel est le montant des intérêts ?

262. R. achète une voiture de 7800 euros. Il doit faire un emprunt pour financer cet achat. Avec un emprunt, on rembourse davantage que ce qui est emprunté. La différence s'appelle les intérêts.
La première option est un crédit avec un remboursement de 60 paiements mensuels de 144 euros. La seconde option est un crédit avec un remboursement de 36 paiements mensuels de 231 euros.
Quels sont les remboursements totaux pour chaque option ? Quels sont les montants des intérêts ?

## 4. LA DIVISION EUCLIDIENNE

La **division euclidienne** (ou division entière avec reste) est utilisée pour calculer soit des **nombres de parts**, soit des **parts**.

Dans le premier cas, il s'agit de calculer **le nombre de parts** qu'on peut réaliser en partageant une quantité initiale en petits paquets dont on connaît l'**effectif**, c'est-à-dire le nombre d'éléments dans chaque paquet.
Cela permet de répondre à la question
« Si on dispose de 15 billes et qu'on en distribue 5 à chaque enfant, combien d'enfants peuvent être fournis ? ».

Dans le second cas, la division permet de répartir une quantité de façon égale en **plusieurs parts**, comme par exemple
« Si on dispose de 15 billes à distribuer à 3 enfants en arts égales, combien de billes recevra chaque enfant ? ».

**L'opération de la division euclidienne (division entière avec reste) sera notée dans cet ouvrage par le symbole « ÷ » (l'obélus).**

> Répartir 15 billes par paquets de 5 se notera « 15 ÷ 5 ».
> 15 est le **dividende** et 5 est le **diviseur**.

> Partager 15 billes entre 3 enfants se notera « 15 ÷ 3 ».
> 15 est le **dividende** et 3 est le **diviseur**.

La division euclidienne donne comme résultat un nombre entier, le **quotient**, et éventuellement un **reste**, également entier.

**Dans la division euclidienne, le dividende est toujours supérieur au diviseur. Ce ne sera pas le cas pour la division décimale.**

La division, euclidienne ou décimale, n'est **ni commutative, ni associative**.
Partager 15 en 3 paquets n'est absolument pas la même chose que partager 3 entre 5 paquets.

### Exemple de calcul de nombre de parts

Si on dispose de 15 billes et qu'on en distribue 5 à chaque enfant, combien d'enfants peuvent être fournis ?

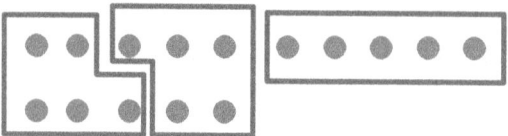

On réalise des ensembles de 5 billes, et on compte le nombre d'ensemble pour trouver le résultat: 3.
**Réponse** : 15 ÷ 5 = 3
Trois enfants pourront recevoir 5 billes.

Le schéma obtenu ressemble à celui de la multiplication de 5 par 3, dont le résultat est 15. On peut dire que le résultat cherché correspond à la question : « par quel nombre faut-il multiplier 5 pour obtenir 15 ? »

Avec les petits nombres (inférieurs à 100) le fait de connaître par cœur les tables de multiplication de 2 à 9 permet de trouver le résultat rapidement. On peut gagner encore du temps en apprenant les tables de 10 à 15.

Il peut arriver qu'il reste des éléments non distribués. Par exemple :
Si on dispose de 17 billes et qu'on en distribue 5 à chaque enfant, combien d'enfants peuvent être fournis ?

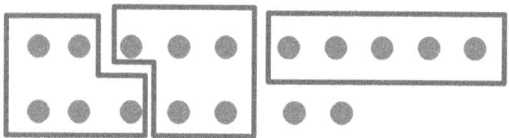

On réalise des ensembles de 5 billes, et on compte le nombre d'ensemble pour trouver le résultat sans oublier de mentionner les billes restantes.

**Réponse** : 17 ÷ 5 = 3 **reste 2**
Trois enfants pourront recevoir 5 billes, et il restera 2 billes.

A l'aide des tables de multiplication (en annexe), résoudre les exercices ci-dessous en fournissant l'**éventuel reste** par une phrase complète. Noter entre parenthèse **la multiplication correspondant à l'exercice**.

**Modèle de rédaction de solution d'exercice**

« Si on dispose de 17 billes et qu'on en distribue 5 à chaque enfant, combien d'enfants peuvent être fournis ? »

---

Calcul du nombre d'enfants pouvant être fournis en billes
$17 \div 5 = 3$, reste 2   $(17 = 3 \times 5 + 2)$
3 enfants recevront 5 billes et il restera 2 billes non distribuées.

---

**Entraînement de calcul de nombre de parts**

263. (*) Avec 24 livres, on veut réaliser des lots de 6 livres. Combien de lots complets obtient-on ?

264. (*) *Avec 27 livres, on veut réaliser des lots de 3 livres. Combien de lots complets obtient-on ?*

265. (*) On veut transporter 48 bouteilles en casiers de 6 bouteilles. Combien de casiers faut-il ?

266. (*) *On veut transporter 56 bouteilles en casiers de 8 bouteilles. Combien de casiers faut-il ?*

267. (*) On veut répartir 81 billes en sachets de 9, combien de sachets complets obtient-on ?

268. (*) *On veut répartir 64 billes en sachets de 8, combien de sachets complets obtient-on ?*

269. (*) On veut répartir 90 biscuits en paquets de 10. Combien de paquets complets obtient-on ?

270. (*) *On veut répartir 120 biscuits en paquets de 10. Combien de paquets complets obtient-on ?*

271. (*) On dispose 72 livres sur des étagères. Chaque étagère peut contenir 8 livres. Combien d'étagères faut-il au total ?

272. (*) *On dispose 121 livres sur des étagères. Chaque étagère peut contenir 11 livres. Combien d'étagères faut-il au total ?*

273. (*) On dispose de 98 crayons à ranger en étuis de 14 crayons. Combien d'étuis complets obtient-on ?

274. (*) *On dispose de 91 crayons à ranger en étuis de 13 crayons. Combien d'étuis complets obtient-on ?*

275. (*) On veut transporter 120 élèves dans des véhicules de 15 places passagers. Combien de véhicules faut-il au total ? Combien d'élèves dans le dernier véhicule ?

276. (*) *On veut transporter 126 élèves dans des véhicules de 14 places passagers. Combien de véhicules faut-il au total ? Combien d'élèves dans le dernier véhicule ?*

277. (**) Avec 27 livres, on veut réaliser des lots de 6 livres. Combien de lots complets obtient-on ? Combien reste-t-il de livres ?

278. (**) *Avec 28 livres, on veut réaliser des lots de 3 livres. Combien de lots complets obtient-on ? Combien reste-t-il de livres ?*

279. (**) On veut transporter 52 bouteilles en casiers de 6 bouteilles. Combien de casiers au total faut-il (un casier peut être incomplet)?

280. (**) *On veut transporter 59 bouteilles en casiers de 8 bouteilles. Combien de casiers au total faut-il (un casier peut être incomplet) ?*

281. (**) On veut répartir 79 billes en sachets de 9, combien de sachets complets obtient-on ? Combien reste-t-il de billes ?

282. (**) *On veut répartir 83 billes en sachets de 8, combien de sachets complets obtient-on ? Combien reste-t-il de billes ?*

283. (**) On veut répartir 94 biscuits en paquets de 10. Combien de paquets complets obtient-on ? Combien reste-t-il de biscuits ?

284. (**) *On veut répartir 127 biscuits en paquets de 10. Combien de paquets complets obtient-on ? Combien reste-t-il de biscuits ?*

285. (**) On dispose 75 livres sur des étagères. Chaque étagère peut contenir 8 livres. Combien d'étagères faut-il au total ?

286. (**) *On dispose 128 livres sur des étagères. Chaque étagère peut contenir 11 livres. Combien d'étagères faut-il au total ?*

287. (**) On dispose de 100 crayons à ranger en étuis de 14 crayons. Combien d'étuis complets obtient-on ? Combien reste-t-il de crayons ?

288. (**) *On dispose de 100 crayons à ranger en étuis de 13 crayons. Combien d'étuis complets obtient-on ? Combien reste-t-il de crayons ?*

289. (**) On veut transporter 124 élèves dans des véhicules de 15 places passagers. Combien de véhicules faut-il au total ?

290. (**) *On veut transporter 125 élèves dans des véhicules de 14 places passagers. Combien de véhicules faut-il au total ?*

291. (**) Une usine a produit 1237 comprimés d'aspirine. Les boîtes d'aspirine contiennent 25 comprimés. Combien de boîtes complètes obtient-on ? Combien reste-t-il de comprimés ?

292. (**) *Une usine a produit 1543 comprimés d'aspirine. Les boîtes d'aspirine contiennent 30 comprimés. Combien de boîtes complètes obtient-on ? Combien reste-t-il de comprimés ?*

**Exemple de calcul de parts**

Si on distribue 15 billes à 3 enfants de façon égale, combien de billes recevra chacun des trois enfants ?

Si on ne connaît pas les tables de multiplication, on peut procéder par tentatives successives. Ainsi, avec un essai avec 4, il reste assez de billes pour en distribuer une supplémentaire à chaque enfant

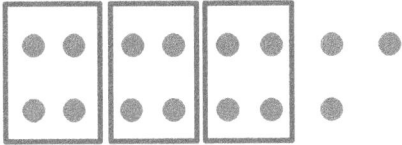

On obtient le schéma ci-dessous d'une répartition de 5 billes par enfant :

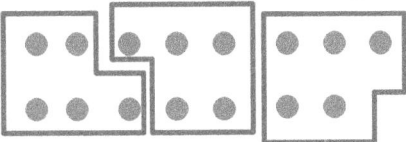

La réponse est donc : chaque enfant recevra 5 billes.

Ce schéma est identique à celui de la multiplication. En effet, la division est l'opération inverse de la multiplication.

On peut dire que le résultat cherché correspond à la question : « par quel nombre faut-il multiplier 3 pour obtenir 15 ? »

Avec les petits nombres (inférieurs à 100) le fait de connaître par cœur les tables de multiplication de 2 à 9 permet de trouver le résultat rapidement. On peut gagner encore du temps en apprenant les tables de 10 à 15.

Il peut arriver qu'il reste des éléments non distribués.

Par exemple : Si on distribue 17 billes à 3 enfants de façon égale, combien de billes recevra chacun des trois enfants ?

Si on distribue 4 billes à chacun des 3 enfants, il va en rester 5, ce qui est suffisant pour en distribuer une de plus à chacun. On distribue donc 5 billes à chaque enfant, et il reste alors 2 billes, ce qui n'est pas suffisant pour en distribuer une de plus à chaque enfant.

La réponse est donc : chaque enfant recevra 5 billes, et il restera 2 billes non distribuées.

Autrement dit, résoudre cet exercice revient à chercher le plus grand nombre inférieur à 17 qui est un multiple de 3.

A l'aide des tables de multiplication (en annexe), résoudre les exercices ci-dessous en fournissant l'**éventuel reste** par une phrase complète. Noter entre parenthèse **la multiplication correspondant à l'exercice**.

### Modèle de rédaction de solution d'exercice

« Si on distribue 17 billes à 3 enfants de façon égale, combien de billes recevra chacun des trois enfants ? »

> Calcul du nombre de billes reçues par chacun des 3 enfants
> $17 \div 3 = 5$, reste 2 ($17 = 5 \times 3 + 2$)
> Chacun des 3 enfants recevra 5 billes et il restera 2 billes non distribuées.

### Entraînement de calcul de parts

293. (*) Avec 24 livres, on veut réaliser 4 lots identiques. Combien y aura-t-il de livres par lot ?

294. (*) *Avec 35 livres, on veut réaliser 5 lots identiques. Combien y aura-t-il de livres par lot ?*

295. (*) On veut répartir 48 bouteilles dans 8 cartons avec le même nombre de bouteilles dans chaque carton. Combien de bouteilles y aura-t-il par carton ?

296. (*) *On veut répartir 56 bouteilles dans 7 cartons avec le même nombre de bouteilles dans chaque carton. Combien de bouteilles y aura-t-il par carton ?*

297. (*) On veut répartir 72 billes en 9 sachets identiques. Combien de billes doit-on mettre dans chaque sachet ?

298. (*) *On veut répartir 56 billes en 7 sachets identiques. Combien de billes doit-on mettre dans chaque sachet ?*

299. (*) On veut répartir 90 biscuits en 9 paquets identiques. Combien de biscuits faut-il mettre dans chaque paquet ?

300. (*) *On veut répartir 80 biscuits en 10 paquets identiques. Combien de biscuits faut-il mettre dans chaque paquet ?*

301. (*) On dispose 72 livres sur 4 étagères. Combien y aura-t-il de livres sur chaque étagère ?

302. (*) *On dispose 80 livres sur 5 étagères. Combien y aura-t-il de livres sur chaque étagère ?*

303. (*) On dispose de 112 crayons à ranger en 8 étuis identiques. Combien de crayons contiendra chaque étui ?

304. (*) *On dispose de 135 crayons à ranger en 9 étuis identiques. Combien de crayons contiendra chaque étui ?*

305. (*) On veut répartir 96 élèves en 8 groupes de même effectif. Combien d'élèves comptera chaque groupe ?

306. (*) *On veut répartir 72 élèves en 12 groupes de même effectif. Combien d'élèves comptera chaque groupe ?*

307. (*) Avec 37 livres, on veut réaliser 4 lots identiques. Combien y aura-t-il de livres par lot ? Combien reste-t-il de livres ?

308. (*) *Avec 31 livres, on veut réaliser 5 lots identiques. Combien y aura-t-il de livres par lot ? Combien reste-t-il de livres ?*

309. (*) On veut répartir 50 bouteilles dans 8 cartons avec le même nombre de bouteilles dans chaque carton. Combien de bouteilles y aura-t-il par carton ? Combien reste-t-il de bouteilles ?

310. (*) *On veut répartir 59 bouteilles dans 7 cartons avec le même nombre de bouteilles dans chaque carton. Combien de bouteilles y aura-t-il par carton ? Combien reste-t-il de bouteilles ?*

311. (*) On veut répartir 77 billes en 9 sachets identiques. Combien de billes doit-on mettre dans chaque sachet ? Combien reste-t-il de billes ?

312. (*) *On veut répartir 57 billes en 7 sachets identiques. Combien de billes doit-on mettre dans chaque sachet ? Combien reste-t-il de billes ?*

313. (*) On veut répartir 92 biscuits en 9 paquets identiques. Combien de biscuits faut-il dans chaque paquet ? Combien reste-t-il de biscuits ?

314. (*) *On veut répartir 84 biscuits en 10 paquets identiques. Combien de biscuits faut-il dans chaque paquet ? Combien reste-t-il de biscuits ?*

315. (*) On dispose 71 livres sur 4 étagères. Combien y aura-t-il de livres sur chaque étagère ? Répartir les livres qui restent.

316. (*) *On dispose 94 livres sur 5 étagères. Combien y aura-t-il de livres sur chaque étagère ? Répartir les livres qui restent.*

317. (*) On dispose de 119 crayons à ranger en 8 étuis identiques. Combien de crayons contiendra chaque étui ? Combien reste-t-il de crayons ?

318. (*) *On dispose de 137 crayons à ranger en 9 étuis identiques. Combien de crayons contiendra chaque étui ? Combien reste-t-il de crayons ?*

319. (*) On veut répartir 98 élèves en 8 groupes de même effectif. Combien d'élèves comptera chaque groupe ? Répartir les élèves restants.

320. (*) *On veut répartir 75 élèves en 12 groupes de même effectif. Combien d'élèves comptera chaque groupe ? Répartir les élèves restants.*

321. (*) Combien de bidons de 9 litres peut-on remplir avec 97 litres d'eau ?

322. (*) *Combien de bidons de 7 litres peut-on remplir avec 67 litres d'eau ?*

323. (*) Un pot de peinture permet de recouvrir 8 m² de murs. Combien de pots faut-il pour recouvrir 78 m² de murs ? Combien de m² pourrait-on peindre avec le reste de peinture ?

324. (*) *Un pot de peinture permet de recouvrir 6 m² de murs. Combien de pots faut-il pour recouvrir 53 m² de murs ? Combien de m² pourrait-on peindre avec le reste de peinture ?*

<u>Mode opératoire si on ne connaît pas la multiplication qui donne le dividende</u>
Dans le cas où ne connaît pas la multiplication qui permet d'obtenir le résultat de la division, on va procéder par soustractions successives.

Par exemple, pour la division 17 ÷ 5, on effectue :

17- 5 = 12 donc 17 = 1 x 5 +12
12 - 5 = 7 donc 17 = 2 x 5 +7
7 – 5 = 2 donc 17 = 3 x 5 +2
2 étant plus petit que 5, les soustractions s'arrêtent à ce stade, et on peut écrire :
17 ÷ 5 = 3 reste 2

Pour un nombre plus grand, cette méthode est très longue :

98 - 5 – 5 – 5 – 5 – 5 – 5 – 5 – 5 – 5 – 5 – 5 – 5 – 5 – 5 – 5 – 5 - 5 – 5 - 5 = 3
98 = 19 x 5 +3
98 ÷ 5 = 19 reste 3

Par commodité, on va organiser le calcul en colonnes de la façon suivant :

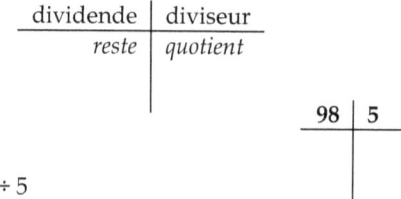

Exemple : 98 ÷ 5

Puis, on traite le chiffre du dividende le plus à gauche (ici, le chiffre des dizaines) en effectuant une division euclidienne de ce chiffre par le diviseur :
9 ÷ 5 = 1 reste 4

On écrit le quotient obtenu dans la partie inférieure droite, et le reste dans la partie inférieure gauche sous le chiffre des dizaines qu'on vient de traiter (attention, le reste doit être inférieur au diviseur, sinon, il faut augmenter le quotient trouvé).

$$
\begin{array}{c|c}
98 & 5 \\
\hline
\mathbf{4} & \mathbf{1} \\
\end{array}
$$

On abaisse les chiffres du dividende non utilisés à droite du reste qui vient d'être noté.

$$\begin{array}{c|c} 98 & 5 \\ \hline 48 & 1 \\ \end{array}$$

On effectue la division euclidienne du nouveau nombre noté dans la partie inférieure gauche par le diviseur :
$48 \div 5 = 9$ reste 3

On note le quotient obtenu à droite des chiffres déjà inscrits dans la partie quotient, et le reste sous le chiffre des unités de la ligne de la partie inférieure gauche.

$$\begin{array}{c|c} 98 & 5 \\ \hline 48 & 19 \\ \mathbf{3} & \\ \end{array}$$

L'opération se dit de la façon suivante : En 9 il y a une fois 5 reste 4. Je note le quotient 1 et le reste 4. J'abaisse le 8. En 48 il y a 9 fois 5 reste 3. Je pose le quotient 9 et le reste 3.
On obtient le résultat :
$98 \div 5 = 19$ reste 3   ($98 = 5 \times 19 + 3$)

Autre exemple : $149 \div 7$
Le chiffre « 1 » à gauche est plus petit que le diviseur, on prend donc les deux premiers chiffres de gauche, soit « 14 ». En 14 il y a 2 fois 7, reste 0. Je pose le quotient 2 et le reste 0. Puis je baisse le 9. En 9 il y a une fois 7 et il reste 2. Je note le 1 et le 2.

$$\begin{array}{c|c} 149 & 7 \\ \hline & \\ \end{array} \qquad \begin{array}{c|c} 149 & 7 \\ \hline 0 & 2 \\ \end{array} \qquad \begin{array}{c|c} 149 & 7 \\ \hline 09 & 21 \\ 2 & \\ \end{array}$$

On obtient le résultat :
$149 \div 7 = 21$ reste 2   ($149 = 7 \times 21 + 2$)

## Entraînement de calcul de quotient

325. Poser en colonne et effectuer les divisions suivantes en fournissant le calcul multiplication-addition qui correspond :
$87 \div 5$ ; $94 \div 3$ ; $143 \div 6$ ; $157 \div 8$ ; $154 \div 12$ ; $187 \div 11$ ; $205 \div 7$ ; $221 \div 12$

326. Poser en colonne et effectuer les divisions suivantes en fournissant le calcul multiplication-addition qui correspond :
$248 \div 13$ ; $254 \div 9$ ; $268 \div 14$ ; $298 \div 15$ ; $308 \div 14$ ; $451 \div 15$ ; $423 \div 9$

327. Calculer les divisions suivantes en fournissant le calcul multiplication-addition qui correspond :
$98 \div 7$ ; $105 \div 3$ ; $173 \div 12$ ; $179 \div 7$ ; $218 \div 12$ ; $287 \div 9$ ; $285 \div 13$ ; $281 \div 14$

328. Calculer les divisions suivantes en fournissant le calcul multiplication-addition qui correspond :
$284 \div 13$ ; $374 \div 12$ ; $469 \div 15$ ; $542 \div 17$ ; $589 \div 16$ ; $451 \div 12$ ; $484 \div 12$

## Exercices de division euclidienne à opération unique

### Modèle de rédaction de solution d'exercice
« On veut livrer 340 baguettes par sac de 12. Combien de sacs faut-il ?»

---

Calcul du nombre de sacs pour livrer 340 baguettes
$340 \div 12 = 28$ reste 4
Il faut 28 sacs et il reste 4 baguettes.

---

329. (*) Un boulanger veut livrer 357 baguettes par sac de 12. Combien de sacs faut-il ? Combien reste-t-il de baguettes ?

330. (*) *Un boulanger veut livrer 290 baguettes par sac de 14. Combien de sacs faut-il ? Combien reste-t-il de baguettes ?*

331. (*) Combien de sacs faut-il pour transporter 279 baguettes sachant que chaque sac en contient 25 ? Combien reste-t-il de baguettes ?

332. (*) *Combien de sacs faut-il pour transporter 246 baguettes sachant que chaque sac en contient 24 ? Combien reste-t-il de baguettes ?*

333. (*) Combien de cartons faut-il pour transporter 450 exemplaires d'un livre sachant que chaque carton en contient 30 ?

334. (*) *Combien de cartons faut-il pour transporter 600 exemplaires d'un livre sachant que chaque carton en contient 38 ?*

335. (*) Un bûcheron peut mettre 34 troncs d'arbre dans sa remorque. Combien de voyages devra-t-il faire pour transporter 250 troncs ?

336. (*) *Un bûcheron peut mettre 28 troncs d'arbre dans sa remorque. Combien de voyages devra-t-il faire pour transporter 170 troncs ?*

337. (*) Un bûcheron veut transporter 387 troncs en moins de 12 voyages. Quelle doit être la contenance de sa remorque ?

338. (*) *Un bûcheron veut transporter 459 troncs en moins de 13 voyages. Quelle doit être la contenance de sa remorque ?*

339. (*) Une boîte de thé contient 24 sachets. Combien de boites peut-on conditionner avec 873 sachets ?

340. (*) *Une boîte de thé contient 25 sachets. Combien de boites peut-on conditionner avec 786 sachets ?*

341. (*) Une cagette de fruits peut contenir 38 oranges. Combien de cagettes complètes peut-on remplir avec 689 oranges ?

342. (*) *Une cagette de fruits peut contenir 26 oranges. Combien de cagettes complètes peut-on remplir avec 579 oranges ?*

343. (*) Une cagette de fruits peut contenir 28 oranges. Combien de cagettes faut-il pour transporter **la totalité** de 689 oranges ? Combien d'oranges se trouvent dans la dernière cagette ?

344. (*) *Une cagette de fruits peut contenir 32 oranges. Combien de cagettes faut-il pour transporter **la totalité** de 549 oranges ? Combien d'oranges se trouvent dans la dernière cagette ?*

345. (**) Une cagette de fruits peut contenir 28 oranges. Combien de cagettes faut-il pour transporter la totalité de 897 oranges ? Comment répartir les oranges de façon équilibrée (pas plus d'une orange d'écart) ?

346. (**) *Une cagette de fruits peut contenir 18 oranges. Combien de cagettes faut-il pour transporter la totalité 975 oranges ? Comment répartir les oranges de façon équilibrée (pas plus d'une orange d'écart)?*

347. (**) On veut transporter 500 exemplaires d'un livre en 14 cartons de même taille. Quelle doit être la contenance minimale de chaque carton ? Comment répartir les livres de façon équilibrée ?

348. (**) *On veut transporter 545 exemplaires d'un livre en 12 cartons de même taille. Quelle doit être la contenance minimale de chaque carton ? Comment répartir les livres de façon équilibrée ?*

349. (**) On veut transporter 4 800 briques en 22 caisses de même taille. Quelle doit être la contenance minimale de chaque caisse ? Comment répartir les briques de façon équilibrée ?

350. (**) *On veut transporter 3 900 briques en 18 caisses de même taille. Quelle doit être la contenance minimale de chaque caisse ? Comment répartir les briques de façon équilibrée ?*

351. (**) On veut transporter 498 exemplaires d'un livre en 14 cartons de même taille. Comment répartir les livres de façon équilibrée ?

352. (**) *On veut transporter 345 exemplaires d'un livre en 12 cartons de même taille. Comment répartir les livres de façon équilibrée ?*

353. (**) On veut transporter 3 750 briques en 24 caisses de même taille. Comment répartir les briques de façon équilibrée ?

354. (**) *On veut transporter 3 780 briques en 16 caisses de même taille. Comment répartir les briques de façon équilibrée ?*

## Exercices de division euclidienne à opérations multiples

355. (*) Un commerçant a reçu 980 sachets de thé. Il les conditionne en paquet de 24 sachets chacun, qu'il expédie en carton de 12 paquets. Combien de paquets complets obtient-il ? Combien de cartons complets va-t-il pouvoir expédier ? Combien reste-t-il de paquets ? De sachets de thé ?

356. (*) *Un commerçant a reçu 960 sachets de thé. Il les conditionne en paquet de 22 sachets chacun, qu'il expédie en carton de 14 paquets. Combien de paquets complets obtient-il ? Combien de cartons complets va-t-il pouvoir expédier ? Combien reste-t-il de paquets ? De sachets de thé ?*

357. (*) Un commerçant a reçu 857 sachets de thé. Il les conditionne en paquet de 18 sachets chacun, qu'il expédie en carton de 8 paquets. Combien de cartons complets va-t-il pouvoir expédier ? Combien reste-t-il de paquets ? De sachets de thé ?

358. (*) *Un commerçant a reçu 943 sachets de thé. Il les conditionne en paquet de 16 sachets chacun, qu'il expédie en carton de 12 paquets. Combien de cartons complets va-t-il pouvoir expédier ? Combien reste-t-il de paquets ? De sachets de thé ?*

359. (*) Un producteur de pommes a obtenu cette année 894 pommes de son verger. Chaque cagette peut contenir 42 pommes, et chaque caisse peut contenir 4 cagettes. Combien faut-il de caisses (complètes ou incomplètes) pour livrer toute la production de pommes ?

360. (*) *Un producteur de pommes a obtenu cette année 967 pommes de son verger. Chaque cagette peut en contenir 38, et chaque caisse peut contenir 6 cagettes. Combien faut-il de caisses (complètes ou incomplètes) pour livrer toute la production de pommes ?*

361. (*) Une boite d'allumettes contient 25 allumettes. Un carton contient 15 boites d'allumettes. Combien faut-il de cartons pour expédier toutes les boites d'allumettes complètes qu'on peut réaliser avec 1589 allumettes ? Combien reste-t-il d'allumettes ?

362. (*) *Une boite d'allumettes contient 35 allumettes. Un carton contient 12 boites d'allumettes. Combien faut-il de cartons pour expédier toutes les boites d'allumettes complètes qu'on peut réaliser avec 1627 allumettes ? Combien reste-t-il d'allumettes ?*

363. (*) Pour confectionner 5 vestes il faut 60 pelotes de laine. Combien de pelotes faut-il pour confectionner 3 vestes ?

364. (*) *Pour confectionner 7 vestes il faut 91 pelotes de laine. Combien de pelotes faut-il pour confectionner 5 vestes ?*

365. (*) Une pelleteuse met 3 heures pour creuser 45 mètres de tranchée. Quelle longueur de tranchée creusera-t-elle en 8 heures ?

366. (*) *Une pelleteuse met 4 heures pour creuser 36 mètres de tranchée. Quelle longueur de tranchée creusera-t-elle en 10 heures ?*

367. (*) Un paquet contient 26 cahiers. Un carton contient 14 paquets de cahiers. Combien de cartons faut-il pour expédier tous les paquets complets qu'on peut réaliser avec 2983 cahiers ? Combien reste-t-il de cahiers ?

368. (*) *Un paquet contient 24 cahiers. Un carton contient 12 paquets de cahiers. Combien de cartons faut-il pour expédier tous les paquets complets qu'on peut réaliser avec 3518 cahiers ? Combien reste-t-il de cahiers ?*

369. (**) Un paquet contient 26 cahiers. Combien de paquets doit contenir chacun des 8 cartons nécessaires pour expédier tous les paquets complets qu'on peut réaliser avec 3084 cahiers ? Combien reste-t-il de cahiers ? Comment équilibrer le contenu des cartons ?

370. (**) *Un paquet contient 24 cahiers. Combien de paquets doit contenir chacun des 9 cartons nécessaires pour expédier tous les paquets complets qu'on peut réaliser avec 3846 cahiers ? Combien reste-t-il de cahiers ? Comment équilibrer le contenu des cartons ?*

## Exercices mixtes à calculs intermédiaires

371. (*) Un commerçant a reçu 15 caisses de 130 sachets de thé chacune. Combien peut-il faire de cartons de 24 sachets chacun ?

372. (*) *Un commerçant a reçu 17 caisses de 140 sachets de thé chacune. Combien peut-il faire de cartons de 22 sachets chacun ?*

373. (*) Un commerçant a reçu 15 cagettes de 50 oranges chacune. Combien peut-il faire de paquets de 4 oranges chacun ?

374. (*) *Un commerçant a reçu 14 cagettes de 44 oranges chacune. Combien peut-il faire de paquets de 6 oranges chacun ?*

375. (*) Un joueur de golf achète en vrac 278 balles de golf d'une marque et 187 balles d'une autre marque. A chaque partie, il perd 4 balles. Combien de parties peut-il jouer avant d'avoir perdu toutes ses balles?

376. (*) *Un joueur de golf achète en vrac 329 balles de golf d'une marque et 257 balles d'une autre marque. A chaque partie, il perd 5 balles. Combien de parties peut-il jouer avant d'avoir perdu toutes ses balles?*

377. (**) Un papetier a reçu plusieurs livraisons, une 6 cartons de 25 cahiers chacun, une autre de 17 cartons de 20 cahiers chacun et une troisième de 12 cartons de 22 cahiers chacun. Il doit fournir les élèves d'un collège avec un lot de 6 cahiers chacun. Combien d'élèves recevront un lot complet ? Combien manque-t-il de cahiers pour fournir un élève de plus ?

378. (**) *Un papetier a reçu plusieurs livraisons, une de 7 cartons de 23 cahiers chacun, une autre de 9 cartons de 21 cahiers chacun et une troisième de 12 cartons de 18 cahiers chacun. Il doit fournir les élèves d'un collège avec un lot de 7 cahiers chacun. Combien d'élèves recevront un lot complet ? Combien manque-t-il de cahiers pour fournir un élève de plus ?*

379. (\*\*) Un éditeur a reçu 29 caisses contenant chacune 140 livres. Il veut envoyer le même nombre de livres à ses 270 libraires. Combien en recevront-ils chacun ?

380. (\*\*) *Un éditeur a reçu 34 caisses contenant chacune 130 livres. Il veut envoyer le même nombre de livres à ses 275 libraires. Combien en recevront-ils chacun ?*

381. (\*\*) F. emporte une caisse de 98 livres qui en contient deux fois plus que la deuxième. Combien de livres a emportés F. ?

382. (\*\*) *G. emporte une caisse de 219 livres qui en contient trois fois plus que la deuxième. Combien de livres a emportés G. ?*

383. (\*\*) R. revient chez lui avec 291 billes, soit 3 fois plus que le matin. Combien de billes a gagnées R. ?

384. (\*\*) *S. revient chez lui avec 268 billes, soit 4 fois plus que le matin. Combien de billes a gagnées S. ?*

385. (\*\*) R. revient chez lui avec 143 billes, soit 3 fois moins que le matin. Combien de billes a perdues R. ?

386. (\*\*) *S. revient chez lui avec 97 billes, soit 4 fois moins que le matin. Combien de billes a perdues S. ?*

387. (\*\*) Le matin, T. et U. ont le même nombre de billes. Après avoir joué l'un contre l'autre, T. a désormais 14 billes de plus que U. Combien de billes a perdu U. ?

388. (\*\*) *Le matin, T. et U. ont le même nombre de billes. Après avoir joué l'un contre l'autre, T. a désormais 22 billes de plus que U. Combien de billes a perdu U. ?*

389. (\*\*) L. et M. ont ensemble 210 billes et L. a 24 billes de plus que M. Combien ont-ils chacun de billes ?

390. (\*\*) *L. et M. ont ensemble 287 billes et L. a 57 billes de plus que M. Combien ont-ils chacun de billes ?*

391. (\*\*) On souhaite distribuer 2 barres de chocolat à chacun des 125 enfants d'une école. Combien de boîtes de 50 barres chacune devra-t-on ouvrir ?

392. (\*\*) *On souhaite distribuer 3 barres de chocolat à chacun des 145 enfants d'une école. Combien de boîtes de 40 barres chacune devra-t-on ouvrir ?*

393. (\*\*\*) H. possède 47 billes. J. en possède 24 de plus que H. Ils jouent aux billes ensemble et à midi H. a 38 billes de plus que J. Combien de billes possèdent H. et J. à midi ? Combien en ont-ils gagnées ou perdues ?

394. (\*\*\*) *H. possède 39 billes. J. en possède 16 de plus que H. Ils jouent aux billes ensemble et à midi H. a 26 billes de plus que J. Combien de billes possèdent H. et J. à midi ? Combien en ont-ils gagnées ou perdues ?*

395. (\*\*\*) Pour emballer 48 caisses devant être transportées, il faut 6 planches de 2 mètres pour chaque caisse. Le bois est vendu en planches de 7 mètres, par paquet de 14 planches. Combien de paquets de planches faut-il acheter ?

396. (\*\*\*) *Pour emballer 57 caisses devant être transportées, il faut 8 planches de 2 mètres pour chaque caisse. Le bois est vendu en planches de 10 mètres, par paquet de 12 planches. Combien de paquets de planches faut-il acheter ?*

397. (***) 15 ouvriers ont creusé une tranchée en 12 jours. En combien de jours 10 ouvriers auraient-ils creusé la même tranchée ?

398. (***) *25 ouvriers ont creusé une tranchée en 8 jours. En combien de jours 10 ouvriers auraient-ils creusé la même tranchée ?*

399. (***) 15 ouvriers ont creusé une tranchée de 50 m en 12 jours. En combien de jours 10 ouvriers auraient-ils creusé une tranchée de 75 m ?

400. (***) *25 ouvriers ont creusé une tranchée de 60 m en 8 jours. En combien de jours 10 ouvriers auraient-ils creusé une tranchée de 90 m ?*

401. (***) On fait dissoudre 1 kg de sucre dans 6 litres d'eau. Combien faut-il ajouter d'eau pour obtenir un mélange à 100 g de sucre par litre ?

402. (***) *On fait dissoudre 2 kg de sucre dans 8 litres d'eau. Combien faut-il ajouter d'eau pour obtenir un mélange à 100 g de sucre par litre ?*

403. (***) Un magasin de jeux vend chaque jeu au prix de 30 €. La carte de fidélité vendue 35 € permet d'acheter chaque jeu au prix de 25 €. Combien de jeux faut-il acheter au minimum pour que la carte soit intéressante ?

404. (***) *Un magasin de jeux vend chaque jeu au prix de 40 €. La carte de fidélité vendue 45 € permet d'acheter chaque jeu au prix de 34 €. Combien de jeux faut-il acheter au minimum pour que la carte soit intéressante ?*

405. (***) Le billet d'entrée d'un parc d'attraction coûte 45 €. La carte de fidélité vendue 90 € permet d'acheter le billet d'entrée à 35 €. Combien de fois faut-il aller au parc d'attraction pour que la carte soit rentable ?

406. (***) *Le billet d'entrée d'un parc d'attraction coûte 50 €. La carte de fidélité vendue 81 € permet d'acheter le billet d'entrée à 42 €. Combien de fois faut-il aller au parc d'attraction pour que la carte soit rentable ?*

407. (***) Un agriculteur a récolté 12 tonnes de pommes. Il en a vendu 4 tonnes à 220 € la tonne. Il a mis le reste en sacs de 50 kg qu'il a vendus 12 € le sac. Quelle est la somme totale gagnée ?

408. (***) *Un agriculteur a récolté 14 tonnes de pommes. Il en a vendu 9 tonnes à 180 € la tonne. Il a mis le reste en sacs de 40 kg qu'il a vendus 8 € le sac. Quelle est la somme totale gagnée ?*

409. (***) Quatre ouvriers mettent 12 jours pour réaliser un travail. Dans les mêmes conditions, combien de temps mettraient six ouvriers pour réaliser ce travail ?

410. (***) Le prix d'un séjour à la montagne est de 23 € par personne et par jour. Quel est le coût d'un séjour pour un groupe de 10 personnes par jour ? Quel est le coût d'un séjour pour un groupe de 5 personnes pour 6 jours ?

411. (****) Pour l'achat de 3 pains au chocolat la pâtisserie fait cadeau d'un quatrième pain. F. repart de la pâtisserie avec 194 pains au chocolat. Combien de pains au chocolat F. a-t-il reçu en cadeau ?

412. (****) *Pour l'achat de 4 pains au chocolat la pâtisserie fait cadeau d'un cinquième pain. F. repart de la pâtisserie avec 138 pains au chocolat. Combien de pains au chocolat F. a-t-il reçu en cadeau ?*

**Problèmes divers**

413. (\*\*) S. veut distribuer des sachets contenant chacun 12 billes. Il a 1000 billes. Combien lui manque-t-il de billes pour fournir des sachets complets ? Combien de sachets complets pourra-t-il constituer ? Pour le même nombre de sachets, combien peut-il mettre de billes dans chacun s'il n'a que 600 billes et obtenir des sachets identiques ?

414. (\*\*) *S. veut distribuer des sachets contenant chacun 14 billes. Il a 1150 billes. Combien lui manque-t-il de billes pour fournir des sacs complets ? Pour le même nombre de sacs, combien peut-il mettre de billes dans chacun s'il n'en a que 700 ?*

415. (\*\*) Un responsable de club sportif veut acheter un maillot pour chacun des 163 sportifs. Les maillots sont vendus par lot de 14. Combien de lots doit-il acheter ? Combien de maillots inutilisés reste-t-il ?

416. (\*\*) *Un responsable de club sportif veut acheter un maillot pour chacun des 189 sportifs. Les maillots sont vendus par lot de 15. Combien de lots doit-il acheter ? Combien de maillots inutilisés reste-t-il ?*

417. (\*\*\*) Un fleuriste dispose de 30 roses et 42 tulipes. Il souhaite réaliser des bouquets tous identiques et utiliser toutes ses fleurs.
Donne les différentes possibilités en indiquant le nombre de bouquets et leur composition. Quelle solution permet d'avoir le plus de bouquets ?

418. (\*\*\*) *Un fleuriste dispose de 48 roses et 56 tulipes. Il souhaite réaliser des bouquets tous identiques et utiliser toutes ses fleurs.*
*Donne les différentes possibilités. Il souhaite faire le plus possible de bouquets. Indique alors la composition et le nombre de bouquets à réaliser.*

419. (\*\*\*) Un fermier élève 30 vaches qui lui donnent chacune en moyenne 18 litres de lait par jour. Un litre de lait fournissant 40 g de beurre, quel poids de beurre obtiendra-t-il en un mois de 30 jours ?

420. (\*\*\*) *Un fermier élève 120 chèvres qui lui donnent chacune en moyenne 7 litres de lait par jour. Un litre de lait fournissant 30 g de fromage, quel poids de fromage obtiendra-t-il en un mois de 30 jours ?*

421. (\*\*\*\*) Trouver le nombre premier qui est compris entre 20 et 60 et dont la somme des chiffres est divisible par 7.

422. (\*\*\*\*)Trouver un nombre entier compris entre 10 et 60 qui est multiple de 9 et dont le produit de ses chiffres est un multiple de 9.

423. (\*\*\*\*) Deux enfants ont ensemble 19 ans. Dans un an, l'âge de l'un sera le double de l'âge de l'autre. Quels sont les âges de chacun d'eux ?

424. (\*\*\*\*) Un nombre de 5 chiffres commencent par 724. Ce nombre est divisible par 8 et par 9. Quel est ce nombre ?

425. (\*\*\*\*) Trouver des nombres de deux chiffres sachant que le reste de la division euclidienne par 9 est 8, et que le reste de la division euclidienne par 4 est 1.

## C. LES NOMBRES DÉCIMAUX POSITIFS

Lorsqu'on parle d'eau, de farine, de prairies ou de marchandises, on utilise des litres (qui mesurent un volume), des kilogrammes (qui mesurent une masse), des mètres carrés (qui mesurent une superficie), des euros.
Ce sont des unités qui peuvent être subdivisées. On peut avoir des moitiés de litre, des centièmes de mètre carré, des quarts de kilogramme, des centimes…

Il nous faut une nouvelle catégorie de nombres pour résoudre par exemple l'exercice suivant : « Si dix crayons valent 1 euro. Combien vaut un crayon en euro ? »
Il faut diviser 1 euro par 10. L'opération à effectuer est « la division de 1 par 10 », dont le résultat est « un dixième d'euro », c'est-à-dire 10 centimes.

Or, jusqu'ici nous avons étudié des divisions dont le dividende est supérieur au diviseur.
Pour résoudre la division de 1 par 10, il faut trouver le nombre qui multiplié par 10 donne 1. Le résultat n'est pas un entier naturel.
Nous allons utiliser une notation particulière qui utilise la position des chiffres dans un nombre, comme pour les nombres entiers.

Dans le nombre 527, le 5 est en position de centaine, le 2 est en position de dizaine, et le 7 en position d'unité. A chaque position, il y a une division par 10 (centaine, dizaine, unité).
On va placer une virgule à droite de l'unité, et si on rajoute un nombre à droite de l'unité après la virgule, le chiffre vaudra donc une unité divisée par 10, c'est-à-dire un **dixième**.

Le nombre 527,6 correspond donc à :
5 centaines 2 dizaines 7 unités et 6 dixièmes.

Le nombre 527,678 correspond donc à :
5 centaines 2 dizaines 7 unités et 6 dixièmes 7 centièmes  8 millièmes.

Ou aussi :
527,6 78= 500 + 20 + 7 + 0,6 = (5 x 100) + (2 x 10) + (7 x 1) + (6 x 0,1) + (7 x 0,01) + ( 8 x 0,001)

Les chiffres « 0 » placés tout à la droite des chiffres après la virgule sont donc inutile. » 3,750 » doit s'écrire simplement » 3,75 ».
L'ensemble des nombres entiers décimaux se note $\mathbb{D}$ initiale du français *décimal*.

**Exercices sur les nombres décimaux**

426. Écrire les nombres suivants en chiffres : trois dixièmes ; quatre centièmes ; trois et deux dixièmes ; douze et 5 dixièmes huit centièmes ; quatre et 3 centièmes ; cent un et sept millièmes ;

427. Écrire les nombres suivants en chiffres : douze centièmes ; trente dixièmes ; vingt-sept millièmes ; cent trente-quatre centièmes ; soixante-quinze millièmes

428. Décomposer chaque nombre sur le modèle : 1,234 = 1 + 0,2 + 0,03 + 0,004
1,2 ; 3,6 ; 8,71 ; 0,408 ; 2,18 ; 0,63 ; 0,097 ; 37,8 ; 45,25 ; 135,564 ; 10,002

429. Décomposer chaque nombre sur le modèle : 1,234 = 1 + 0,2 + 0,03 + 0,004
1,8 ; 3,9 ; 5,61 ; 0,207 ; 4,37 ; 0,84 ; 0,046 ; 25,3 ; 64,81 ; 258,457 ; 20,003

430. Écrire 12 nombres de 0,1 en 0,1 à partir de 3,4.

431. Écrire 12 nombres de 0,01 en 0,01 à partir de 1,41.

432. Écrire 12 nombres de 0,3 en 0,3 à partir de 2,24.

433. Écrire tous les nombres qui ont 2 pour chiffre des dixièmes entre 1,3 et 6,8.

434. Écrire tous les nombres qui ont 3 pour chiffre des centièmes entre 6,45 et 12,62.

435. Réécrire les nombres suivants en supprimant les zéros inutiles :
4,0 ; 04,8 ; 10,80 ; 07,03 ; 05,250 ; 0,0002 ; 015,45 ; 75,0 ; 15,20 ; 030,030
40,00 ; 004,020 ; 007,00 ; 02,00200 ; 004,02100 ; 00400,00200 ; 0000,00

436. Recopie les nombres en entourant le chiffre demandé :
1,45 : chiffre des dixièmes
12,002 : chiffre des centièmes
4,5789 : chiffre des millièmes
704,520 : chiffre des centièmes
1008,854 : chiffre des millièmes
12200,369 : chiffre des dixièmes

437. Recopie les nombres en entourant le chiffre demandé :
45,5 : chiffre des dixièmes
152,002 : chiffre des centièmes
4 568,5789 : chiffre des millièmes
704,520 : chiffre des centièmes
1008,8547 : chiffre des millièmes
12200,369 : chiffre des dixièmes

438. Donne la position de chaque chiffre souligné :
2,3 ; 4,5 ; 0,378 ; 8,219 ; 80,8 ; 0,489 ; 7,96 ; 2,199 ; 2,109 ; 3,8357 ; 92,00

439. Donne la position de chaque chiffre souligné :
0,4678 ; 12,4973 ; 5,1989 ; 9999 ; 3,499 ; 45,68 ; 45,27 ; 5,2309 ; 486,25

440. Donne la position de chaque chiffre souligné :

4,2<u>5</u>6 ; 12,20<u>8</u> ; 4,556<u>20</u> ; 0,789<u>4</u> ; 4,565<u>7</u> ; 1,<u>9</u>999 ; 966,<u>06</u> ; 80,788<u>8</u>08

441. Donner la partie entière des nombres ci-dessous :
2,3 ; 4,5 ; 0,378 ; 8,219 ; 80,8 ; 0,489 ; 7,96 ; 2,199 ; 2.109 ; 3,8357 ; 92,00

442. Donner l'entier le plus proche des nombres ci-dessous :
2,3 ; 4,6 ; 2,378 ; 8,219 ; 80,8 ; 0,689 ; 7,96 ; 2,199 ; 2,509 ; 3,8357 ; 92,90

443. Combien y a-t-il de :
Dixièmes dans 4,5 ? Dans 5,78 ? Dans 0,302 ? Dans 45,12 ? Dans 0,452 ?
Centièmes dans 5,06 ? Dans 6,708 ? Dans 7,1019 ? Dans 7,808 ? Dans 7,1 ?
Millièmes dans 5,385 ? Dans 1,2785 ? Dans 2,20278 ? Dans 3,56 ? Dans 2 ?
Réponds par une phrase à chaque fois

444. Combien y a-t-il de :
Dixièmes dans 6,31 ? Dans 5 ? Dans 1,32 ? Dans 51,12 ? Dans 0, 52 ?
Centièmes dans 8,06 ? Dans 16,70 ? Dans 17,1019 ? Dans 0,808 ? Dans 7 ?
Millièmes dans 9, 85 ? Dans 12,285 ? Dans 0,0278 ? Dans 3, 6 ? Dans 5 ?
Réponds par une phrase à chaque fois

445. Parmi ces nombres, quels sont ceux qui sont inférieurs à 5,27 ?
5,271 ; 5,86 ; 5,030 ; 5,28 ; 4,97 ; 5,308 ; 5,19 ; 5,209

446. Parmi ces nombres, quels sont ceux qui sont supérieurs à 3,281 ?
3,28 ; 3,29 ; 3,39 ; 3,209 ; 3,2809 ; 3,2765 ; 3,0367 ; 3,2811

447. Écrire les nombres suivants dans l'ordre croissant (du plus petit au plus grand) :
1,2 ; 3,6 ; 0,871 ; 4,00 ; 0,218 ; 6,3 ; 0,974 ; 0,499 ; 6,8 ; 0,59 ; 0,5099 ; 0,486 ;
5,4 ; 0,378 ; 0,5001 ; 0,58 ; 9,8 ; 28,7 ; 0,5043 ; 0,5861 ; 1,8 ; 0,99 ; 26,8 ; 3,20 ;
2,003 ; 0,586 ; 3,9 ; 0,87

448. Trouve un nombre à placer entre les deux nombres donnés :
2,462 - .... – 2,454
2,21 - ... - 2,01
9,65 - ... - 9,80
0 - ... - 1
2 - ... - 3
10 - ... - 11
0,1 - ... - 0,2
9,65 - ... - 9,66
0,01 - ... - 0,02
12,45 - ... - 12,46

# D. LES OPÉRATIONS SUR NOMBRES DÉCIMAUX POSITIFS

## 1. L'ADDITION

<u>Mode opératoire pour l'addition</u>

On positionne les nombres en plaçant les unités l'une au-dessus de l'autre, et en plaçant le séparateur au même endroit :

$$\begin{array}{r} 287,5 \\ +\ \ 86,04 \\ \hline \end{array}$$

On effectue les additions position par position en commençant par le chiffre le plus à droite, et en plaçant les retenues au-dessus de la position suivante.

$$\begin{array}{r} {}^{11} \\ 287,5 \\ +\ \ 86,04 \\ \hline 373,54 \end{array}$$

### Entraînement de calcul de somme de décimaux

449. Poser en colonne et effectuer les additions suivantes :
    67,2 + 73,4 ; 45,8 + 89,5 ; 38,34 + 58,25 ; 76,56 + 55,87 ; 89,87 + 98,68 ;
    57,89 + 48,78 + 37,67 ; 44,44 + 33,33 + 22,22 ; 55,55 + 44,44 + 33,33
450. Effectuer les additions suivantes :
    56,2 + 88,4 ; 34,5 + 67,8 ; 76,21 + 45,43 ; 98,04 + 23,67 ; 77,54 + 33,5 ;
    78,65 + 99,88 ; 34,4 + 76,75 ; 64,05 + 88,08 ; 37,2 + 76,09 ; 87,24 + 89,09

## 2. LA SOUSTRACTION

<u>Mode opératoire pour la soustraction</u>

On positionne les nombres en plaçant les unités l'une au-dessus de l'autre, et en plaçant le séparateur au même endroit :

$$\begin{array}{r} 221,87 \\ -\ \ \ 67,54 \\ \hline \end{array}$$

On effectue les soustractions position par position en commençant par le chiffre le plus à droite, et en plaçant les retenues au-dessus de la position suivante.

$$\begin{array}{r} {}^{1(13)} \\ {}^{1(11)} \\ 221,87 \\ -\ \ \ 67,54 \\ \hline 178,33 \end{array}$$

**Entraînement de calcul de différence de décimaux**

451. Poser en colonne et effectuer les soustractions suivantes :
67,25 – 31,13 ; 67,53 – 31,38 ; 67,23 – 58,89 ; 76,56 – 55,84 ; 89,08 - 38,45
452. Effectuer les soustractions suivantes :
12,45 - 5,89 ; 23,26 - 14,75 ; 34,28 - 12,81 ; 45,05 - 23,26 ; 47,05 - 38,02 ;
67,54 - 45,62 ; 324,06 - 123,55 ; 245,58 - 67,5 ; 367,9 - 89,94 ;
453. Effectuer les soustractions suivantes :
378,45 - 227,62 ; 78,78 - 23,95-12,26 ; 124,54 - 34,58 - 45,62 ;
276,52 - 68,37 - 45,67 ; 367,29 - 146,34 - 34,64 ; 789,20 - 237,61 - 387,28

# 3. LA MULTIPLICATION

Mode opératoire pour la multiplication
La méthode reste identique pour la première étape, les multiplications sont
faite chiffre après chiffre.

$$\begin{array}{r} 5,6 \\ \times\, 1,1 \\ \hline 56 \\ +\, 560 \end{array}$$

Puis, on effectue l'addition :

$$\begin{array}{r} 5,6 \\ \times\, 1,1 \\ 1 \\ \hline 56 \\ +\, 560 \\ \hline 616 \end{array}$$

A ce stade, **on compte le nombre de chiffres après la virgule** (les décimales)
**de chaque facteur de la multiplication**, et on place la virgule à une position
qui laisse à droite le même nombre de chiffres.
Ici, il y a **deux chiffres après la virgule au total** (« 5,6 » en compte un, « 1,1 »
en compte un autre), donc, on place la virgule à gauche des deux derniers
chiffres du résultat, pour laisser deux chiffres après la virgule.

$$\begin{array}{r} 5,6 \\ \times\, 1,1 \\ 1 \\ \hline 56 \\ +\, 560 \\ \hline \mathbf{6,16} \end{array}$$

5,6 x 1,1 = 6,16
**Entraînement de calcul de produit de décimaux**

454. Poser en colonne et effectuer les multiplications suivantes :
        67,5 x 73,9 ; 45,23 x 89,45 ; 38,34 x 58,89 ; 76,21 x 55,35
455. Effectuer les multiplications suivantes :
        89,52 x 98,33 ; 56,54 x 88,21 ; 34,25 x 67,87 ; 76,36 x 45,83
456. Effectuer les multiplications suivantes :
        98,20 x 23,03 ; 77,06 x 33,24 ; 78,56 x 99,35 ; 34,28 x 76,3
457. Effectuer les multiplications suivantes :
        64,34 x 88,94 ; 37,05 x 76,09 ; 87,21 x 89,21 ; 12,34 x 43,21

## 4. LA DIVISION DÉCIMALE

Avec les nombres décimaux, ce n'est plus la division euclidienne mais la division décimale qui est utilisée. Le symbole figurant dans cet ouvrage pour la division décimale est « / ».

Mode opératoire pour la division décimale de deux entiers
La méthode commence de la même façon que pour la division euclidienne

| 149 | 7 |
|---|---|
| 09 | 21 |
| 2 | |

Une fois qu'on arrive à ce stade, il faut poursuivre au chiffre des dixièmes. On place une virgule au quotient, on met un zéro à droite du reste et on poursuit…

| 149 | 7 |
|---|---|
| 09 | 21,2 |
| 20 | |
| 6 | |

En 20 il y a 2 fois 7, reste 6. On ajoute un zéro à droite du reste, et on continue…

| 149 | 7 |
|---|---|
| 09 | 21,28 |
| 20 | |
| 60 | |
| 4 | |

On poursuit jusqu'au niveau de précision demandé (dixième, centième, millième…)

Remarque : certains quotients présentent une succession répétée de chiffres. Par exemple :

149/7 = 21,**285 714** 285 714 285 714… la série de chiffres [285 714] se répètent à l'infini.

Ce nombre n'est pas un nombre décimal puisque le nombre de décimales n'est pas fini, mais infini (ce point sera repris dans l'ouvrage dédié à l'algèbre). On peut juste en exprimer une approximation décimale.

21,2 : au dixième près
21,28 : au centième près
21,285 : au millième près

### Entraînement de calcul de division décimale d'entiers

458. Poser en colonne et effectuer les divisions suivantes au centième près :
76/7 ; 95/8 ; 38/8 ; 76/5 ; 89/7 ; 4/3 ; 2/3 ; 4/7 ; 9/7 ;
Au millième près : 88/56 ; 75/27 ; 56/84 ; 125/13 ; 235/11

459. Effectuer les divisions suivantes au millième près :
56/88 ; 34/67 ; 76/45 ; 98/23 ; 77/33 ; 78/99 ; 34/76 ; 64/88 ; 37/76

Mode opératoire pour la division d'un nombre décimal par un entier

La méthode se déroule de la même façon que pour la division précédente, jusqu'à obtenir un reste inférieur au diviseur :

| **149**,1 | 7 |
|---|---|
| 09 | **21** |
| **2** | |

A ce stade, on met une virgule à droite du quotient, et au lieu d'abaisser un zéro comme dans l'exemple précédent, on abaisse le chiffre des dixièmes du dividende (le nombre qui est divisé).

$$
\begin{array}{r|l}
\mathbf{149{,}1} & 7 \\
\hline
09 & \mathbf{21{,}3} \\
21 & \\
0 & \\
\end{array}
$$

Ici, la division s'arrête au dixième puisque le reste devient nul.
149,1/7 = 21,3

Sinon, on poursuit jusqu'au niveau de précision demandé.

Exemple : calculer 149,2/7 au millième près.

$$
\begin{array}{r|l}
\mathbf{149{,}2} & 7 \\
\hline
09 & \mathbf{21{,}314} \\
22 & \\
10 & \\
30 & \\
\end{array}
$$

149,2/7 = 21,314 au millième près

## Arrondir un nombre décimal

Lorsqu'il y a beaucoup de chiffres après la virgule, on peut « arrondir » le nombre en ne donnant qu'un certain nombre de chiffres. Il faut juste veiller à arrondir correctement en prenant le nombre le plus proche.
12,34 = 12,3 au dixième près
12,37 = 12,4 au dixième près car 12,4 est plus près de 12,37 que 12,3.
1,34547 = 1,35 au centième près car 1,35 est plus près de 1,34547 que 1,34.

## Entraînement de calcul d'un décimal par un entier

460. Poser en colonne et effectuer les divisions suivantes au centième près:
67,8/7 ; 45,3/9 ; 38,32/5 ; 76,48/5 ; 89,72/8 ; 67,8/14 ; 45,3/23 ; 38,32/25
461. Effectuer les divisions suivantes au dix-millième près :
56,67/88 ; 34,97/67 ; 76,543/45 ; 98,234/23 ; 77,63/33 ; 78,7/99
462. Effectuer les divisions suivantes au dix-millième près :
34,64/76 ; 64,762/88 ; 37,801/76 ; 123,78/34 ; 199,99/99 ; 111,11/11

## Multiplier un nombre décimal par 10, 100, 1000...

Pour multiplier un nombre par 10 (ou 100, 1000…) il suffit de décaler la position de la virgule d'un chiffre vers la **droite** (ou de deux chiffres pour 100, de 3 chiffres pour 1000..) en ajoutant si besoin un ou plusieurs « 0 » à droite.

**Exemples** :

| | | |
|---|---|---|
| 12,3 x 10 = 123 | 12,3 x 100 = 1230 | 12,3 x 1000 = 12300 |
| 8,567 x 10 = 85,67 | 8,567 x 100 = 856,7 | 8,567 x 1000 = 8567 |
| 0,034 x 10 = 0,34 | 0,034 x 100 = 3,4 | 0,034 x 1000 = 34 |

## Diviser un nombre décimal par 10, 100, 1000...

Pour diviser un nombre par 10 (ou 100, 1000…) il suffit de décaler la position de la virgule d'un chiffre vers la **gauche** (ou de deux chiffres pour 100, de 3 chiffres pour 1000..) en ajoutant si besoin un ou plusieurs « 0 » à gauche.

**Exemples** :

| | | |
|---|---|---|
| 12,3 / 10 = 1,23 | 12,3 / 100 = 0,123 | 12,3 / 1000 = 0,01 |
| 856,7 / 10 = 85,67 | 856,7 / 100 = 8,567 | 856,7 / 1000 = 0,8567 |
| 0,34 / 10 = 0,034 | 0,34 / 100 = 0,0034 | 0,34 / 1000 = 0,00034 |

## Effectuer les calculs ci-dessous

463.   2,3 x 10 ; 356 x 10 ; 0,567 x 10 ; 3,4 / 10 ; 542 / 10 ; 0,85 / 10
464.   2,3 x 100 ; 356 x 100 ; 0,567 x 100 ; 3,4 / 100 ; 542 / 100 ; 0,85 / 100
465.   2,3 x 1000 ; 356 x 1000 ; 0,567 x 1000 ; 3,4 / 1000 ; 542 / 1000
466.   12,3 x 100 ; 35,6 x 10 ; 0,567 / 10 ; 3,4 x 10 ; 54,2 / 10 ; 0,85 x 10
467.   2,38 x 100 ; 3,56 x 10 ; 0,67 x 10 ; 32,4 / 100 ; 5,42 / 10 ; 8,5 / 100
468.   23 / 1000 ; 356,7 x 1000 ; 6,7 x 1000 ; 34 / 100 ; 54,2 / 100
469.   1,23 x 100 ; 3,6 x 10 ; 567 / 100 ; 34 / 10 ; 542 / 100 ; 8,5 x 10
470.   12,3 x 100 ; 36 x 10 ; 5,67 / 100 ; 3,4 / 10 ; 5,42 / 100 ; 85 x 10
471.   1,23 x 10 ; 3,67 x 10 ; 56,7 / 100 ; 0,34 / 10 ; 0,542 x 100 ; 8,5 x 100
472.   123 x 100 ; 32,6 x 10 ; 0,567 / 100 ; 340 / 10 ; 542 x 10 ; 85 x 100
473.   12,3 x 10 ; 0,36 x 10 ; 5,67 / 10 ; 34 / 100 ; 54,2 / 1000 ; 8,5 / 10

**Exercices à une opération mettant en œuvre des nombres décimaux**
Remarque : les prix sont toujours indiqués avec deux chiffres après la virgule.

474. (*) P. achète 6,5 mètres de corde rouge et 3,4 mètres de corde bleue. Quelle longueur de corde a-t-il au total ?

475. (*) *F. achète 8,3 mètres de corde rouge et 4,9 mètres de corde bleue. Quelle longueur de corde a-t-elle au total ?*

476. (*) Un ouvrage dont le prix était de 24,75 € a augmenté de 8,65 €. Quel est son nouveau prix ?

477. (*) *Un ouvrage dont le prix était de 18,80 € a augmenté de 12,45 €. Quel est son nouveau prix ?*

478. (*) Un élève a réussi un saut en longueur de 5,54 mètres. Puis, il a sauté 1,18 mètre plus loin. Quelle est la longueur du second saut ?

479. (*) *Une élève a réussi un saut en longueur de 4,87 mètres. Puis, elle a sauté 0,76 mètre plus loin. Quelle est la longueur du second saut ?*

480. (*) C. a acheté trois livres ; l'un à 23,75 €, le deuxième à 18,68 € et le troisième à 21,07 €. Quel est le montant de la facture ?

481. (*) *G. a acheté trois livres ; l'un à 19,68 €, le deuxième à 21,08 € et le troisième à 14,47 €. Quel est le montant de la facture ?*

482. (*) Pour préparer un cocktail de fruits pour un anniversaire, il faut mélanger 1,25 L (litre) de jus de pommes, 1,8 L de jus d'orange, 0,75 L de jus de fraise et 0,5 L de jus de poire. Quel est le volume final ?

483. (*) *Pour préparer un cocktail de fruits pour un anniversaire, il faut mélanger 1,85 L (litre) de jus de pommes, 1,5 L de jus d'orange, 0,5 L de jus de fraise et 0,8 L de jus de poire. Quel est le volume final du cocktail ?*

484. (*) J. achète chez le primeur 1,5 kg de pommes, 1,8 kg de pêches, 1,65 kg de poires et 0,85 kg de cerises. Combien pèsent tous les fruits ensemble ?

485. (*) *K. achète chez le primeur 1,8 kg de pommes, 1,45 kg de pêches, 1,8 kg de poires et 0,9 kg de cerises. Combien pèsent tous les fruits ensemble ?*

486. (*) D. possède 87,65 € et E. possède 67,84 €. Combien D. possède-t-il de plus que E. ?

487. (*) *R. possède 78,53 € et S. possède 54,96 €. Combien R. possède-t-elle de plus que S. ?*

488. (*) D. possède 75,34 € et E. possède 42,94 €. Combien D. possède-t-il de plus que E. ?

489. (*) *R. possède 87,57 € et S. possède 45,68 €. Combien R. possède-t-elle de plus que S. ?*

490. (*) On retire 17,8 L d'eau d'un bidon contenant 65,6 L. Quel est le volume d'eau restant dans le bidon ?

491. (*) *On retire 19,2 L d'eau d'un bidon contenant 40,5 L. Quel est le volume d'eau restant dans le bidon ?*

492. (*) Une forêt de 234,67 hectares a perdu 87,78 hectares dans un incendie. Quelle superficie de forêt intacte reste-t-il ?

493. (*) *Une forêt de 183,51 hectares a perdu 92,82 hectares dans un incendie. Quelle superficie de forêt intacte reste-t-il ?*

494. Une forêt de 345,42 hectares a perdu 78,61 hectares dans un incendie. Quelle superficie de forêt intacte reste-t-il ?

495. (*) *Une forêt de 189,21 hectares a perdu 72,58 hectares dans un incendie. Quelle superficie de forêt intacte reste-t-il ?*

496. (*) J. souhaite acheter un livre valant 26,50 €. Il lui manque 8,30 €. De quelle somme dispose-t-elle ?

497. (*) *H. souhaite acheter un livre valant 19,30 €. Il lui manque 5,40 €. De quelle somme dispose-t-il ?*

498. (*) J. souhaite acheter un livre valant 30,50 €. Il lui manque 5,80 €. De quelle somme dispose-t-elle ?

499. (*) *H. souhaite acheter un livre valant 14,20 €. Il lui manque 7,35 €. De quelle somme dispose-t-il ?*

500. (*) Pendant une épreuve de marathon de 42,2 km, L. s'arrête à 2,8 km de la ligne d'arrivée. Quelle distance a-t-il parcourue ?

501. (*) *Pendant une épreuve de marathon de 42,2 km, M. s'arrête à 3,7 km de la ligne d'arrivée. Quelle distance a-t-elle parcourue ?*

502. (*) Lorsque K. monte sur la balance, elle indique 68,9 kg, et lorsque K. monte sur la balance en portant sa fille, elle indique 74,8 kg. Combien pèse la fille ?

503. (*) *Lorsque K. monte sur la balance, elle indique 71,5 kg, et lorsque K. monte sur la balance en portant son fils, elle indique 76,2 kg. Combien pèse le fils?*

504. (*) Lorsque K. monte sur la balance, elle indique 88,9 kg, et lorsque K. monte sur la balance en portant son vélo, elle indique 99,8 kg. Combien pèse le vélo?

505. (*) *Lorsque K. monte sur la balance, elle indique 71,5 kg, et lorsque K. monte sur la balance en portant son vélo, elle indique 86,2 kg. Combien pèse le vélo?*

506. (*) Un tuyau coûte 3,85 € le mètre. Combien coûte une canalisation de 123 mètres avec ce tuyau ?

507. (*) *Un tuyau coûte 4,95 € le mètre. Combien coûte une canalisation de 264 mètres avec ce tuyau ?*

508. (*) Un litre d'huile pèse 0,91 kg. Combien pèse 3,5 L d'huile ?

509. (*) *Le fioul pèse 0,88 kilogrammes par litre. Combien pèse 8,5 litres de fioul ?*

510. (*) En une journée, une vendeuse de crêpes a vendu 96 crêpes à 3,50 €. Quelle est la recette (somme d'argent reçue) de la journée ?

511. (*) *En une journée, un vendeur de pizzas a vendu 68 pizzas à 8,80 €. Quelle est la recette (somme d'argent reçue) de la journée ?*

512. (*) Pour confectionner des rideaux, U. achète 8,3 mètres de tissu à 14,75 € le mètre. Combien a-t-il payé ?

513. (*) *Pour confectionner des rideaux, K. achète 7,8 mètres de tissu à 12,30 € le mètre. Combien a-t-il payé ?*

514. (*) Un kilo de pommes coûte 3,85 €. Quel est le prix à régler pour 4,60 kg ?

515. (*) *Un kilo de poires coûte 4,25 €. Quel est le prix à régler pour 3,4 kg ?*
516. (*) Un litre de granulé de bois pèse 0,58 kg. Quel est la masse d'un sac de 8,5 litres ?
517. (*) *Un litre de granulé de charbon pèse 0,55 kg. Quel est la masse d'un sac de 7,3 litres ?*
518. (*) P. a acheté 8 croissants pour 7,52 €. Combien coûte un croissant ?
519. (*) *V. a acheté 7 brioches pour 6,09 €. Combien coûte une brioche ?*
520. (*) En 150 pas, J. a parcouru exactement une distance de 132 mètres. Quelle est la longueur de son pas ?
521. (*) *En 120 pas, H. a parcouru exactement une distance de 90 mètres. Quelle est la longueur de son pas ?*
522. (*) O. a payé 9,69 € les 3,8 kg de pommes. Combien coûte un kilo ?
523. (*) *P. a payé 16,38 € les 4,5 kg de poires. Combien coûte un kilo de poires ?*
524. (*) O. a payé 9,02 € des pommes à 2,05 € le kg. Quelle masse de pommes a-t-il acheté ?
525. (*) *A. a payé 11,97 € des poires à 3,15 € le kg. Quelle masse a-t-elle acheté ?*
526. (*) R. veut réaliser une canalisation de 134,8 m de long avec des tuyaux de 2,5 m de long chacun. Combien faut-il de tuyaux ?
527. (*) *M. veut réaliser une canalisation de 147,2 m de long avec des tuyaux de 3,2 m de long chacun. Combien faut-il de tuyaux ?*
528. (*) Si on coupe une corde de 6,72 m en 8 morceaux identique, quelle est la longueur de chaque morceau ?
529. (*) *Si on coupe une corde de 6,93 m en 9 morceaux identiques, quelle est la longueur de chaque morceau ?*

## Exercices à plusieurs opérations mettant en œuvre des nombres décimaux

530. (*) P. achète 6,3 mètres de corde rouge et 3,9 mètres de corde bleue à 3,50 € le mètre chacune. Quel est le coût de son achat ?
531. (*) *U. achète 7,4 mètres de corde rouge et 8,6 mètres de corde bleue à 7,25 € le mètre chacune. Quel est le coût de son achat ?*
532. (*) P. achète 5,3 kg de pommes et 3,7 kg de poires à 3,75 € le kg chaque. Quel est le coût de son achat ?
533. (*) *D. achète 2,9 kg de pommes et 4,2 kg de poires à 2,85 € le kg chaque. Quel est le coût de son achat ?*
534. (*) R. a acheté pour 7,14 € de pommes à 2,80 € le kg, et pour 10,08 € de poires à 3,15 € le kg. Quelle masse totale de fruits a-t-il achetée ?
535. (*) *S. a acheté pour 4,23 € de pommes à 2,35 € le kg, et pour 4,32 € de poires à 2,88 € le kg. Quelle masse totale de fruits a-t-elle achetée ?*
536. (*) T. a acheté pour 4,55 € d'une corde qui coûte 0,80 € le mètre, puis a découpé la longueur achetée en 6 morceaux identiques. Combien coûterait chaque morceau de cette corde ?

537. (*) *T. a acheté pour 9,36 € d'une corde qui coûte 2,88 € le mètre, puis a découpé la longueur achetée en 5 morceaux identiques. Combien coûterait chaque morceau de cette corde ?*

538. (*) La location d'une voiture coûte 55 € pour une journée plus 0,20 € par kilomètre. Combien coûtera une journée avec 80 kilomètres effectués ?

539. (*) *La location d'une voiture coûte 65 € pour une journée plus 0,25 € par kilomètre. Combien coûtera une journée avec 90 kilomètres effectués ?*

540. (*) La location d'une voiture coûte 50 € pour une journée plus 0,17 € par kilomètre au-delà de 60 km. Combien coûtera une journée avec 110 kilomètres effectués ?

541. (*) *La location d'une voiture coûte 65 € pour une journée plus 0,12 € par kilomètre au-delà de 50 km. Combien coûtera une journée avec 90 kilomètres effectués ?*

542. (**) U. a payé 14,64 € pour 4,8 kg de pommes. Il lui reste 9,76 €. Quelle masse de pommes peut-il acheter en plus ?

543. (**) *L. a payé 10,26 € pour 3,6 kg de pommes. Il lui reste 3,42 €. Quelle masse de pommes peut-il acheter en plus ?*

544. (**) U. a payé 13,30 € pour 3,8 kg de pommes. Il lui reste 8,40 €. Quelle masse de pommes peut-il acheter en plus ?

545. (**) *L. a payé 11,27 € pour 4,6 kg de pommes. Il lui reste 7,84 €. Quelle masse de pommes peut-il acheter en plus ?*

546. (**) En 45 minutes, un artisan réalise 150 contrôles. Combien de contrôles effectuera-t-il en 2 heures et 18 minutes ?

547. (**) *En 37 minutes, un artisan réalise 148 contrôles. Combien de contrôles effectuera-t-il en 3 heures et 35 minutes ?*

548. (**) 4 kilos de pommes coûtent 10,24 €. Quel est le prix d'un kilo de pommes ? Quel est le prix de 5 kilos de pommes ?

549. (**) *5 kilos de poires coûtent 12,25 €. Quel est le prix d'un kilo de poires ? Quel est le prix de 3 kilos de poires ?*

550. (**) 3 mètres de corde coûtent 11,40 €. Quel est le prix d'un mètre de corde ? Quel est le prix de 5 mètres de corde ?

551. (**) *4 mètres de corde coûtent 17,40 €. Quel est le prix d'un mètre de corde ? Quel est le prix de 2 mètres de corde ?*

552. (**) Une moto consomme 6 litres d'essence pour 100 km parcourus. Quelle quantité d'essence sera consommée pour 1 kilomètre parcouru ? Quelle quantité d'essence sera consommée pour un trajet de 750 km ?

553. (**) *Une voiture consomme 7 litres d'essence pour 100 km parcourus. Quelle quantité d'essence sera consommée pour 1 kilomètre parcouru ? Quelle quantité d'essence sera consommée pour un trajet de 850 km ?*

554. (**) E. a acheté 3 gâteaux pour 24,60 €. Combien coûte 5 gâteaux ?

555. (**) *F. a acheté 4 gâteaux pour 29,60 €. Combien coûte 6 gâteaux ?*

556. (**) 3 caisses identiques pèsent 77,4 kg. Combien pèsent 8 caisses du même modèle ?

557. (**) *4 caisses identiques pèsent 63,2 kg. Combien pèsent 7 caisses du même modèle ?*

558. (**) M. économise chaque mois 90 € pour acheter une encyclopédie de 4,8 kg dont le prix est de 920 €. Au bout de combien de mois pourra-t-elle l'acheter ?

559. (**) *N. économise chaque mois 70 € pour acheter une table de 24,8 kg dont le prix est de 620 €. Au bout de combien de mois pourra-t-il l'acheter ?*

560. (**) A. a-t-il le droit de transporter dans son véhicule 39 caisses pesant chacune 14,95 kg alors que la charge utile de son véhicule est limitée à 650 kg ?

561. (**) *B. a-t-il le droit de transporter dans son véhicule 43 caisses pesant chacune 12,75 kg alors que la charge utile de son véhicule est limitée à 450 kg ?*

562. (**) Z. a acheté un lecteur DVD à 49,90 € et trois DVD identiques. Il a payé en tout 106,60 €. Quel est le prix d'un DVD ?

563. (**) *U. a acheté un lecteur DVD à 59,85 € et trois DVD identiques. Il a payé en tout 123,45 €. Quel est le prix d'un DVD ?*

564. (**) Pour l'achat de 9 cahiers à 0,75 €, le dixième est gratuit. Combien coûtera l'achat de 80 cahiers ?

565. (**) *Pour l'achat de 11 cahiers à 0,85 €, le douzième est gratuit. Combien coûtera l'achat de 144 cahiers ?*

566. (***) Une course cycliste consiste à effectuer 14 fois un circuit de 7800 mètres. G. a chuté après avoir parcouru 9,2 tours. Quelle distance lui restait-il à parcourir ?

567. (***) *Une course cycliste consiste à effectuer 12 fois un circuit de 6400 mètres. H. a chuté après avoir effectué 8,7 tours. Quelle distance lui restait-il à parcourir ?*

568. (***) Chaque jour une vache mange 6 kg de foin à 0,60 € le kg, 8 kg de betteraves à 0,70 € le kg, 5 kg de paille à 0,20 € le kg. Elle fournit 12 litres de lait vendus 1,4 € le litre. Quel bénéfice donnera-t-elle pour un an (365 jours) ?

569. (***) *Chaque jour une vache mange 5 kg de foin à 0,40 € le kg, 12 kg de betteraves à 0,50 € le kg, 4 kg de paille à 0,15 € le kg. Elle fournit 14 litres de lait vendus 1,6 € le litre. Quel bénéfice donnera-t-elle pour un an (365 jours) ?*

570. (***) Un ouvrier gagne 8,50 € par heure travaillée. Il travaille 5 jours par semaine et 7 heures par jour. Il réussit à économiser 33 € par semaine (en moyenne). Combien dépense-t-il en moyenne par jour ?

571. (***) *Un ouvrier gagne 9,50 € par heure travaillée. Il travaille 5 jours par semaine et 6 heures par jour. Il réussit à économiser 22,50 € par semaine. Combien dépense-t-il en moyenne par jour ?*

572. (***) Une marchande a acheté 60 litres de lait au prix de 6,85 € les 5 litres. Elle revend le lait au détail au prix de 1,15 € le demi-litre. Quel est son bénéfice ?

573. (***) *Une marchande a acheté 70 litres de lait au prix de 7,80 € les 6 litres. Elle revend le lait au détail au prix de 1,35 € le demi-litre. Quel est son bénéfice ?*

574. (***) Une allée de 208,25 m est bordée des deux côtés par des tilleuls séparés de 12,25 m. Quel est le nombre de tilleuls ?

575. (***) *Une allée de 207,90 m est bordée des deux côtés par des tilleuls séparés de 14,85 m. Quel est le nombre de tilleuls ?*

576. (***) Deux villages sont reliés par une route de 13 km au bord de laquelle on doit planter de chaque côté des arbres séparés de 20 mètres. Chaque arbre coûte 13,25 € et la main d'œuvre coûte 14,85 € pour chaque arbre planté. Combien coûtera cette plantation ?

577. (***) *Deux villages sont reliés par une route de 16 km au bord de laquelle on doit planter de chaque côté des arbres séparés de 25 mètres. Chaque arbre coûte 15,75 € et la main d'œuvre coûte 16,25 € pour chaque arbre planté. Combien coûtera cette plantation ?*

578. (***) Un fourgon peut transporter au maximum 2000 kg de marchandises. Peut-on mettre à l'intérieur 32 cartons de 27,6 kg chacun et 26 caisses de 35,8 kg chacune ?

579. (***) *Un fourgon peut transporter au maximum 1500 kg de marchandises. Peut-on mettre à l'intérieur 28 cartons de 25,4 kg chacun et 14 caisses de 25,7 kg chacune ?*

580. (***) O. mesure 0,93 m. Son père est deux fois plus grand qu'elle, et il est trois fois plus grand que F. Quelle est la taille de F. ?

581. (***) *R. mesure 0,68 m. Son père est trois fois plus grand qu'elle, et il est deux fois plus grand que G. Quelle est la taille de G. ?*

582. (***) H. obtient 234 pommes et 136 oranges. Il a vendu chaque pomme 50 centimes. A la vente des pommes et des oranges, il touche 171 € 40 centimes au total, c'est-à-dire 171,40 €, ou 17140 centimes. A quel prix chaque orange est-elle vendue ?

583. (***) *J. obtient 289 pommes et 216 oranges. Il a vendu chaque pomme 40 centimes. A la vente des pommes et des oranges, il touche 223 € 60 centimes au total, c'est-à-dire 223,60 € ou 22360 centimes. A quel prix chaque orange est-elle vendue ?*

584. (***) Pour réaliser 30 crêpes, L. achète 500 g de farine, 6 œufs, 1 litre de lait et 50 g de beurre. Quelles sont les quantités nécessaires d'ingrédients, pour qu'elle réalise 15 crêpes ? Quelles sont les quantités nécessaires d'ingrédients à prévoir pour réaliser 45 crêpes ?

585. (***) Avec 2,5 L de peinture, H. peint 30 m². Quelle surface Luc peut-il peindre avec 8 L de peinture ? Quelle quantité de peinture faut-il à Luc pour peindre 84 m² ?

586. (***) Pour faire une boisson à la menthe, A. mélange 3 volumes de sirop pour 7 volumes d'eau. B. mélange 4 volumes du même sirop pour 9 volumes d'eau. Qui obtient la boisson la plus sucrée ? Justifie.

587. A. met 4 cuillères de sucre dans 7 volumes de café, tandis que B. met 3 cuillères de sucre dans 5 volumes de café. Qui obtient le café le plus sucré ?

588. (***) Un père de famille fait un voyage en auto avec sa femme et ses deux enfants. Ils parcourent 275 km. La voiture consomme 8,5 l d'essence et 0,25 l d'huile aux 100 km. L'essence vaut 1,60 € le litre et l'huile 27 € le bidon de 2 l. En chemin, la famille a pris un repas qui a coûté 12,50 € par personne. Quelle est la dépense totale ?

589. (***) *Un père de famille fait un voyage en auto avec sa femme et ses deux enfants. Ils parcourent 285 km. La voiture consomme 6,5 l d'essence et 0,35 l d'huile aux 100 km. L'essence vaut 1,80 € le litre et l'huile 24 € le bidon de 2 l. En chemin, la famille a pris un repas qui a coûté 11,50 € par personne. Quelle est la dépense totale ?*

590. (***) Chez le boucher, vous achetez 800 g de viande à 14,90 € le kg, à l'épicerie, 500 g de beurre à 10,80 € le kg et 3 baguettes de pain à 0,70 € la baguette. Vous êtes partis avec deux billets de 20 €. Combien aurez-vous au retour ?

591. (***) *Chez le boucher, vous achetez 700 g de viande à 12,50 € le kg, à l'épicerie, 800 g de beurre à 9,70 € le kg et 4 baguettes de pain à 0,60 € la baguette. Vous êtes partis avec un billet de 50 €. Combien aurez-vous au retour ?*

592. (***) Un groupe de 12 enfants décide de faire une sortie qui les oblige à manger au dehors. Un hôtelier offre de leur fournir le repas à raison de 12,50 € par enfant. Mais, pour diminuer les frais, ils emportent plutôt un repas froid ; ils achètent ainsi 6 kg de pain à 5,10 € le kg, 3 boîtes de pâté à 7,50 € la boîte, 12 bouteilles de jus de fruits à raison de 4 € la bouteille et 2 kg de fruits à 1,30 € le kg.

Ont-ils fait une économie ? Si oui, à combien s'élève-t-elle ? Si non, combien ont-ils perdu?

593. (***) *Un groupe de 14 enfants décide de faire une sortie qui les oblige à manger au dehors. Un hôtelier offre de leur fournir le repas à raison de 11,50 € par enfant. Mais, pour diminuer les frais, ils emportent plutôt un repas froid ; ils achètent ainsi 5 kg de pain à 5,10 € le kg, 4 boîtes de pâté à 6,50 € la boîte, 14 bouteilles de jus de fruits à raison de 3 € la bouteille et 3 kg de fruits à 2,20 € le kg.*

*Ont-ils fait une économie ? Si oui, à combien s'élève-t-elle ? Si non, combien ont-ils perdu?*

594. (****) Deux hommes achètent en commun deux poulets de 800 g et de 950 g pour 35 € et deux douzaines d'œufs pour 18 €. Chacun prend un poulet. Comment répartir les œufs entre chacun des hommes pour qu'au total ce soit équitable ?

595. (****) M. coupe 3 buches en 6 jours et N. en coupe 3 en 2 jours. Combien de jours leur faudrait-il pour couper 7 buches s'ils travaillent en même temps ?

596. (****) Quels sont les 4 nombres qui se suivent et dont le total fait 90 ?

597. (****) Quels sont les 5 nombres qui se suivent et dont le total fait 95 ?

# E. LES UNITÉS DE TEMPS POUR L'HEURE ET LES DURÉES

## 1. L'INSTANT

Un instant est déterminé par la date et l'heure.

L'heure, en tant qu'instant de la journée sera notée avec les unités heure, minute et de façon facultative seconde. Si l'indication des minutes n'est pas fournie, c'est qu'il s'agit de l'heure pile : « 14 h » signifie « 14 h 00 min ».

**Exemple** : le train part à 14 h 30. La fusée décollera à 16 h 30 min 30 s. Le repas est servi à 13 h (sous-entendu 13 h pile).

## 2. LA DURÉE

Une durée est un intervalle de temps entre deux moments. L'unité de base de la durée est la seconde, notée « **s** ». Les multiples de la seconde sont la minute, notée « **min** », l'heure notée « **h** », le jour horaire noté « **j** » et l'année civile notée « **an** ».

C'est un système mixte, qui mélange le système décimal pour les secondes, et le système sexagésimal qui utilise la base soixante pour l'heure et la minute.

1 an = 365 j
1 j = 24 h
1 h = 60 min
1 min = 60 s
1 h = 3 600 s
1 s = 1 000 ms (milliseconde)

La durée peut soit s'exprimer en **heure minute seconde** soit dans une seule unité de façon décimale.

On peut ainsi dire qu'un film dure 80 minutes ou qu'il dure 1 h 20 min. On peut même écrire qu'une émission dure 30 minutes, ou qu'elle dure 0,5 h (une demi-heure).

Lorsqu'une durée est exprimée de façon décimale, comme par exemple 67,75 min, on peut avoir besoin de la convertir en heure minute seconde.

La partie entière sera divisée (division euclidienne) par 60 pour avoir le nombre d'heure (67 ÷ 60 = 1 reste 7) et la partie décimale sera multipliée par 60 pour avoir le nombre de secondes (0,75 x 60 = 15), ce qui donne une durée horaire de 1 h 7 min 15 s.

**Exercices de conversion d'unité horaire**

598. (*) Donner les durées horaires suivantes en minutes : 1 h 45 min ; 1 h 25 min ; 2 h 27 min ; 3 h 54 min ; 2 h 38 min ; 3 h 37 min
599. (*) Donner les durées suivantes en heure minute : 72 min ; 84 min ; 67 min ; 1 h 72 min ; 237 min ; 186 min ; 2 h 87 min ; 187 min ; 61 min
600. (*) Donner les durées horaires suivantes en minute. Donner les durées horaires suivantes en heure décimale :
1 h 45 min ; 1 h 27 min ; 2 h 27 min ; 3 h 54 min ; 2 h 33 min ; 3 h 39 min ; 1 h 18 min ; 2 h 9 min ; 1 h 15

Pour les exercices portant sur des durées en heures minutes et secondes, il ne faut pas oublier qu'**il faut 60 secondes pour faire une minute**, et **60 minutes pour faire une heure**. Il faut donc décomposer les durées dans l'unité la plus adaptée.

601. (*) Donner les durées horaires suivantes en heure minute seconde :
0,1 h ; 0,25 h ; 0,5 h ; 0,75 h ; 0,8 h ; 1,1 h ; 1,2 h ; 1,9 h ; 2,34 h ; 2,56 h

**Modèle de rédaction de solution d'exercice**
« H. prend le train à 19 h 40. Le voyage dure 5 h 25 minutes. A quelle heure arrivera-t-il ? »

| |
|---|
| Calcul de l'heure d'arrivée |
| 20 h 40 + 5 h 25 min = 20 h + 40 min + 5 h + 25 min = 20 h + 5 h  + 65 min = 24 h  + 1 h + 60 min + 5 min = 24 h + 2 h + 5 min |
| H. arrivera à 2 h 05 le lendemain. |

**Exercices d'addition et de soustraction de durées**
(Une journée fait 24 heures. Au-delà de minuit, le compte horaire repart de 0.)

602. (*) Un voyageur part à 8 h pour un trajet de 3 heures. A quelle heure arrivera-t-il ?
603. (*) *Une voyageuse part à 13 h pour un trajet de 4 heures. A quelle heure arrivera-t-elle ?*
604. (*) S. va au cinéma. La séance commence à 16 h 15 et le film dure 2 heures. A quelle heure le film se termine-t-il ?
605. (*) *T. va au cinéma. La séance commence à 15 h 30 et le film dure 2 heures. A quelle heure le film se termine-t-il ?*
606. (*) R. part à vélo à 14 h. A quelle heure rentrera-t-il si sa promenade dure 2 heures et 35 minutes ?
607. (*) *U. part à vélo à 16 h 10. A quelle heure rentrera-t-elle si sa promenade dure 3 heures et 15 minutes ?*

608. (*) C. part de chez elle à 17 h 45 et arrive chez son oncle à 18 h 10. Quelle est la durée du trajet ?

609. (*) *D. part de chez lui à 11 h 35 et arrive chez son oncle à 13 h 15. Quelle est la durée du trajet ?*

610. (*) Le trajet pour aller à l'école dure 17 minutes. A quelle heure faut-il partir pour arriver à 8 h 25 ?

611. (*) *Le trajet pour aller à l'école dure 21 minutes. A quelle heure faut-il partir pour arriver à 8 h 20 ?*

612. (*) Le trajet pour aller à l'école dure 17 minutes. A quelle est parti D. s'il arrive à 8 h 35 ?

613. (*) *Le trajet pour aller à l'école dure 21 minutes. A quelle est partie D. si elle arrive à 8 h 10 ?*

614. (*) Un coureur a mis 50 minutes pour faire 10 km. Un autre coureur met 17 minutes de moins. En combien de temps a-t-il fait les 10 km ?

615. (*) *Une coureuse a mis 45 minutes pour faire 10 km. Une autre coureuse met 19 minutes de moins. En combien de temps a-t-elle fait les 10 km ?*

616. (*) Un film commence à 20 h 45 et se termine à 23 h 05. Quelle est la durée du film ?

617. (*) *Un film commence à 20 h 55 et se termine à 22 h 45. Quelle est la durée du film ?*

618. (*) Un voyageur part à 10 h 35 pour un trajet de 4 heures et 25 minutes. A quelle heure arrivera-t-il ?

619. (*) *Une voyageuse part à 16 h 15 min pour un trajet de 2 heures 50 minutes. A quelle heure arrivera-t-elle ?*

620. (*) Un voyageur part à 8 h 37 pour un trajet de 6 heures 54 minutes. A quelle heure arrivera-t-il ?

621. (*) *Une voyageuse part à 18 h 48 pour un trajet de 4 heures 39. A quelle heure arrivera-t-elle ?*

622. (*) Un randonneur met 1 h 27 min pour effectuer une ascension. Un autre met deux fois plus de temps. En combien de temps a-t-il effectué l'ascension ?

623. (*) *Une randonneuse met 1 h 37 min pour effectuer une ascension. Une autre met deux fois plus de temps. En combien de temps a-t-elle effectué l'ascension ?*

624. (*) Un randonneur met 1 h 38 min pour effectuer une ascension. Un autre met 42 minutes de moins. En combien de temps a-t-il effectué l'ascension ?

625. (*) *Une randonneuse met 2 h 54 min pour effectuer une ascension. Une autre met 57 minutes de moins. En combien de temps a-t-elle effectué l'ascension ?*

626. (**) Lors d'une course en relais, le premier coureur met 18 min 26 sec, le second 16 min 46 sec et le troisième 15 min 58 sec. Quelle est la durée totale de la course ?

627. (**) *Lors d'une course en relais, la première coureuse met 32 min 39 sec, la seconde 31 min 49 sec et la troisième 30 min 47 sec. Quelle est la durée totale de la course ?*

628. (*) Un cycliste part de chez lui à 13h40 et roule pendant 50 minutes. Il fait une pause puis repart à 15h35 pour revenir chez lui à 17h. A quelle heure a-t-il commencé sa pause ? Combien de temps a-t-il passé à pédaler ?

629. (*) *Un cycliste part de chez lui à 11h20 et roule pendant 1 heure et 45 minutes. Il fait une pause puis repart à 13h45 pour revenir chez lui à 16h30.*
*A quelle heure a-t-il commencé sa pause ? Combien de temps a-t-il passé à pédaler ?*

**Exercices complexes sur les durées**

630. (**) Un chocolatier produit 30 tablettes en 12 h. En combien de temps produira-t-il 388 tablettes ?

631. (**) *Un chocolatier produit 25 tablettes en 13 heures. En combien de temps produira-t-il 365 tablettes ?*

632. (**) Un boulanger produit 25 baguettes en une heure. Combien d'heures faut-il au minimum pour produire 300 baguettes ? Combien de minutes faut-il pour produire une baguette ? Combien de baguettes peut-on produire en 96 minutes ?

633. (**) *Un boulanger produit 20 baguettes en une heure. En combien d'heures produira-t-il 200 baguettes ? Combien de minutes faut-il pour produire une baguette ? Combien de baguettes peut-on produire en 90 minutes ?*

634. (**) Un boulanger produit 50 baguettes en une heure. En combien d'heures produira-t-il 280 baguettes ? Combien de minutes faut-il pour produire une baguette ? Combien de baguettes peut-il produire en 120 minutes ?

635. (**) *Un boulanger produit 40 baguettes en une heure. En combien d'heures produira-t-il 320 baguettes ? Combien de minutes faut-il pour produire une baguette ? Combien de baguettes peut-il produire en 180 minutes ?*

636. (**) L'eau d'un robinet coule à un débit qui permet de remplir une cuve de 11,15 litres en 3 min 43 s. En combien de temps se remplit une bouteille d'un litre ? En combien de temps le même robinet permet-il de remplir une citerne de 58,75 litres ? Combien de litres seront dans la citerne au bout de 8 minutes ?

637. (**) *L'eau d'un robinet coule à un débit qui permet de remplir une cuve de 8,75 litres en 5 min 50 s. En combien de temps se remplit une bouteille d'un litre ? En combien de temps le même robinet permet-il de remplir une citerne de 49,8 litres ? Combien de litres seront dans la citerne au bout de 8 minutes ?*

638. (**) L'eau d'un robinet coule à un débit qui permet de remplir une cuve de 24,45 litres en 4 min 10 s. En combien de temps se remplit une bouteille d'un litre ? En combien de temps le même robinet permet-il de remplir une citerne de 80 litres ? Combien de litres seront dans la citerne au bout de 8 minutes ?

639. (**) *L'eau d'un robinet coule à un débit qui permet de remplir une cuve de 9,45 litres en 6 min 30 s. En combien de temps se remplit une bouteille d'un litre ? En combien de temps le même robinet permet-il de remplir une citerne de 70 litres ? Combien de litres seront dans la citerne au bout de 5 minutes ?*

640. (**) Une ouvrière se met au travail à 10h15. Il lui faut 8 min 30 s pour réaliser une pièce. A quelle heure aura-t-elle réalisé 6 pièces ?

641. (**) *Un ouvrier se met au travail à 9h45. Il lui faut 6 min 45 s pour réaliser une pièce. A quelle heure aura-t-il réalisé 8 pièces ?*

642. (**) S'il faut 14 minutes pour copier une page, combien de pages peuvent être copiées en 4 heures 40 min ?

643. (**) *S'il faut 12 minutes pour copier une page, combien de pages peuvent être copiées en 5 heures 30 min ?*

644. (**) S'il faut 47 minutes pour copier 5 pages, combien de temps faut-il pour copier 14 pages ?

645. (**) *S'il faut 39 minutes pour copier 4 pages, combien de temps faut-il pour copier 13 pages ?*

646. (***) On allume pendant 4 heures 15 min chaque jour 3 chaudières au gaz qui brûlent chacune 145 litres de gaz par heure. Le mètre cube de gaz coûte 1,025 €. Quelle sera la dépense pour un mois de 30 jours ?

647. (***) *On allume pendant 3 heures 51 min chaque jour 4 chaudières au gaz qui brûlent chacune 182 litres de gaz par heure. Le mètre cube de gaz coûte 1,025 €. Quelle sera la dépense pour un mois de 31 jours ?*

648. (***) Trois bassins ont été remplis par un robinet en 2 h 15 min. En combien de temps ce robinet peut-il remplir quatre bassins ?

649. (***) *Deux bassins ont été remplis par un robinet en 3 h 45 min. En combien de temps ce robinet peut-il remplir trois bassins ?*

650. (***) Un robinet laisse échapper 1 goutte d'eau toutes les 3 secondes. Combien de litres laissera-t-il couler en 2 jours sachant qu'il faut 2000 gouttes pour faire un litre ?

651. (***) *Un robinet laisse échapper 1 goutte d'eau toutes les 5 secondes. Combien de litres laissera-t-il couler en 3 jours sachant qu'il faut 2000 gouttes pour faire un litre ?*

652. (***) Lorsqu'on regarde un film au cinéma, 24 images défilent par seconde. Combien d'images contient un film d'une durée de 1 h 25 min ? Quelle durée correspond à un extrait de 2352 images ?

653. (***) *Lorsqu'on regarde un film au cinéma, 24 images défilent par seconde. Combien d'images contient un film d'une durée de 1 h 35 min ? Quelle durée correspond à un extrait de 3744 images ?*

## 3. APPLICATIONS AUX VITESSES

### Vitesse instantanée

A un instant précis, un véhicule, une personne ou un animal se déplace à une vitesse instantanée. Elle se mesure avec des appareils technologiques précis et complexes qui utilisent des ondes électromagnétiques comme les *radars*.
Les exercices de calcul de vitesse instantanée font appel à des connaissances de physique du niveau lycée.

### Vitesse moyenne

La vitesse moyenne fournit une indication sur la rapidité de déplacement entre deux lieux, même si la vitesse instantanée n'a pas été constante tout le long du parcours. En allant d'un endroit à un autre, on peut ralentir ou accélérer par moment. Mais une fois qu'on est arrivé, on connaît la durée et la distance du parcours, ce qui permet de calculer la vitesse moyenne sur ce parcours.
La vitesse moyenne s'exprime en une distance parcourue par unité de temps. L'unité utilisée est le **kilomètre par heure**, noté « km/h », ou le **mètre par seconde** noté « m/s ».
Pour effectuer les calculs de vitesse à partir des informations fournies dans d'autres unités, il faut d'abord les convertir en km et en heure décimale (et non en heure minute seconde).

**La valeur de la vitesse moyenne** s'obtient en divisant la distance parcourue par la durée nécessaire.

### Modèle de rédaction de solution d'exercice
« B. parcourt 1500 mètres en 45 minutes. Quelle est sa vitesse moyenne en km/h ? »

---

Conversion de la distance en km
1500 m = 1,5 km
Conversion de la durée en heure décimale
45/60 = 0,75
45 min = 0,75 h
Calcul de la vitesse
1,5 / 0,75 = 2
La vitesse moyenne de B. sur ce parcours est de 2 km/h.

---

**La valeur de la durée d'un trajet** s'obtient en divisant la distance parcourue par la vitesse moyenne.

**Modèle de rédaction de solution d'exercice**
« B. parcourt 1500 mètres à la vitesse de 3 km/h. Quelle est la durée du parcours ? »

> Conversion de la distance en km
> 1500 m = 1,5 km
> Calcul de la durée en h
> 1,5 / 3 = 0,5
> Conversion de la durée en heure minute seconde
> 0,5 x 60 = 30
> 0,5 h = 30 min
>
> La durée du parcours est de 30 minutes.

**La valeur de la distance parcourue** s'obtient en multipliant la vitesse moyenne par la durée du parcours.

**Modèle de rédaction de solution d'exercice**
« B. marche pendant 2 heures à la vitesse de 3 km/h. Quelle est la durée du parcours ? »

> Calcul de la distance en km
> 3 x 2 = 6
> La distance du parcours est de 6 km.

**Exercices de calculs de la vitesse moyenne en connaissant la durée du trajet et la distance parcourue**

654. (*) Une voiture met 4 h pour parcourir une distance de 320 km. Quelle est sa vitesse moyenne en km/h sur ce parcours ?
655. (*) *Une voiture met 5 h pour parcourir une distance de 250 km. Quelle est sa vitesse moyenne en km/h sur ce parcours ?*
656. (*) Un train met 2 h pour parcourir une distance de 380 km. Quelle est sa vitesse moyenne en km/h sur ce parcours ?
657. (*) *Un train met 3 h pour parcourir une distance de 480 km. Quelle est sa vitesse moyenne en km/h sur ce parcours ?*

658. (*) Un avion met 2 h 30 min pour parcourir une distance de 1 400 km. Quelle est sa vitesse moyenne en km/h sur ce parcours ?

659. (*) *Un avion met 3 h 12 min pour parcourir une distance de 1 800 km. Quelle est sa vitesse moyenne en km/h sur ce parcours ?*

660. (*) Une voiture met 4 h pour parcourir une distance de 320 km. Quelle est sa vitesse moyenne en m/s sur ce parcours ?

661. (*)*Une voiture met 5 h pour parcourir une distance de 250 km. Quelle est sa vitesse moyenne en m/s sur ce parcours ?*

662. (*) Un train met 2 h pour parcourir une distance de 380 km. Quelle est sa vitesse moyenne en m/s sur ce parcours ?

663. (*) *Un train met 3 h pour parcourir une distance de 480 km. Quelle est sa vitesse moyenne en m/s sur ce parcours ?*

664. (*) Un avion met 2 h 30 min pour parcourir une distance de 1 400 km. Quelle est sa vitesse moyenne en m/s sur ce parcours ?

665. (*) *Un avion met 3 h 12 min pour parcourir une distance de 1 800 km. Quelle est sa vitesse moyenne en m/s sur ce parcours ?*

666. (*) Un piéton parcourt 20 km en 4 h. Quelle est sa vitesse moyenne en km/h et en m/s ?

667. (*) *Un piéton parcourt 18 km en 3 h. Quelle est sa vitesse moyenne en km/h et en m/s ?*

668. (**) Au départ d'un voyage H. note qu'il est 8h30 et que le compteur de la voiture indique 22 612 km. A l'arrivée à 14h30, le compteur indique 23 092 km. A quelle vitesse moyenne H. a-t-il roulé ?

669. (**) Au départ d'un voyage J. note qu'il est 9h45 et que le compteur de la voiture indique 18 784 km. A l'arrivée à 16h10, le compteur indique *19 306,75* km. A quelle vitesse moyenne H. a-t-elle roulé ?

## Exercices de calculs de durée connaissant la distance et la vitesse moyenne

670. (*) Un piéton parcourt 20 km à la vitesse moyenne de 4 km/h. Quelle est la durée du parcours ?

671. (*) *Un piéton parcourt 15 km à la vitesse moyenne de 5 km/h. Quelle est la durée du parcours ?*

672. (*) Un piéton parcourt 1800 m à la vitesse moyenne de 6 km/h. Quelle est la durée du parcours ?

673. (*) *Un piéton parcourt 2400 m à la vitesse moyenne de 4 km/h. Quelle est la durée du parcours ?*

674. (*) Une voiture parcourt une distance de 180 km à la vitesse moyenne de 60 km/h. Quelle est la durée du parcours ?

675. (*) *Une voiture parcourt une distance de 250 km à la vitesse moyenne de 50 km/h. Quelle est la durée du parcours ?*

676. (*) Un train parcourt une distance de 250 km à la vitesse moyenne de 140 km/h. Quelle est la durée du parcours ?

677. (*) *Un train parcourt une distance de 345 km à la vitesse moyenne de 150 km/h. Quelle est la durée du parcours ?*

678. (*) Un piéton parcourt 24 km à la vitesse moyenne de 2 m/s. Quelle est la durée du parcours ?

679. (*) *Un coureur parcourt 15 km à la vitesse moyenne de 3 m/s. Quelle est la durée du parcours ?*

680. (*) Une voiture parcourt une distance de 180 km à la vitesse moyenne de 10 m/s. Quelle est la durée du parcours ?

681. (*) *Une voiture parcourt une distance de 250 km à la vitesse moyenne de 16 m/s. Quelle est la durée du parcours ?*

682. (*) Un train parcourt une distance de 315 km à la vitesse moyenne de 70 m/s. Quelle est la durée du parcours ?

683. (*) *Un train parcourt une distance de 345 km à la vitesse moyenne de 60 m/s. Quelle est la durée du parcours ?*

684. (**) La vitesse du son est de 340 mètres par seconde alors que la vitesse de la lumière est de 300 000 km par seconde. Un éclair se produit à 10 km de distance. Combien de temps faut-il pour qu'on entende le tonnerre ? Combien de temps faut-il pour que l'on voit l'éclair ?

685. (**) *La vitesse du son est de 340 mètres par seconde alors que la vitesse de la lumière est de 300 000 km par seconde. Un éclair se produit à 15 km de distance. Combien de temps faut-il pour qu'on entende le tonnerre ? Combien de temps faut-il pour que l'on voit l'éclair ?*

## Exercices de calculs de distance connaissant la durée et la vitesse moyenne

686. (*) Un piéton marche pendant 3 heures à la vitesse moyenne de 4 km/h. Quelle est la distance parcourue ?

687. (*) *Un piéton marche pendant 2 heures et 18 minutes à la vitesse moyenne de 5 km/h. Quelle est la distance parcourue ?*

688. (*) Une voiture roule pendant 3 heures à la vitesse moyenne de 54 km/h. Quelle est la distance parcourue ?

689. (*) *Une voiture roule pendant 2 heures 45 minutes à la vitesse moyenne de 70 km/h. Quelle est la distance parcourue ?*

690. (*) Un train roule pendant 3 heures 27 minutes à la vitesse moyenne de 160 km/h. Quelle est la distance parcourue ?

691. (*) *Un train roule pendant 5 heures 39 minutes à la vitesse moyenne de 180 km/h. Quelle est la distance parcourue ?*

692. (*) Un piéton marche pendant 3 heures à la vitesse moyenne de 1,5 m/s. Quelle est la distance parcourue ?

693. (*) *Un piéton marche pendant 2 heures et 18 minutes à la vitesse moyenne de 1,2 m/s. Quelle est la distance parcourue ?*

694. (*) Une voiture roule pendant 3 heures à la vitesse moyenne de 15 m/s. Quelle est la distance parcourue ?

695. (*) *Une voiture roule pendant 2 heures 45 minutes à la vitesse moyenne de 17,5 m/s. Quelle est la distance parcourue ?*

696. (*) Un train roule pendant 3 heures 47 minutes à la vitesse moyenne de 65 m/s. Quelle est la distance parcourue ?

697. (*) *Un train roule pendant 5 heures 19 minutes à la vitesse moyenne de 62 m/s. Quelle est la distance parcourue ?*

698. (**) Un train d'une longueur de 280 mètres entre dans un tunnel d'une longueur de 470 mètres à la vitesse de 180 km/h. Au bout de combien de temps est-il entièrement ressorti du tunnel ?

699. (**) *Un train d'une longueur de 180 mètres entre dans un tunnel d'une longueur de 420 mètres à la vitesse de 144 km/h. Au bout de combien de temps est-il entièrement ressorti du tunnel ?*

700. (**) La vitesse du son est de 340 mètres par seconde. On considère qu'on voit l'éclair à l'instant où il se produit (la vitesse de la lumière est extrêmement rapide). Si une durée de 6 secondes sépare l'éclair du tonnerre, quelle distance nous sépare de l'endroit où a eu lieu l'éclair ?

701. (**) *La vitesse du son est de 340 mètres par seconde. On considère qu'on voit l'éclair à l'instant où il se produit (la vitesse de la lumière est extrêmement rapide). Si une durée de 4 secondes sépare l'éclair du tonnerre, quelle distance nous sépare de l'endroit où a eu lieu l'éclair ?*

702. (**) Un piéton parcourt 2,84 km en une demi-heure. Quelle distance parcourt-il en marchant de 9h10 à 17h05 sachant qu'il s'est arrêté 1 h 40 min pour déjeuner ?

703. (**) *Un coureur parcourt 2,75 km en 20 minutes. Quelle distance parcourt-il en marchant de 8h45 à 17h15 sachant qu'il s'est arrêté 1 h 15 min pour déjeuner ?*

704. (***) Un enfant, dont le pouls a 90 pulsations à la minute, en compte 30 entre le moment où il perçoit l'éclair et celui où il entend le tonnerre. Sachant que l'apparition de l'éclair, qui dépend de la vitesse de la lumière peut être considérée comme instantanée et que le son parcourt 340 m par seconde, dire à quelle distance, en kilomètres, se trouve l'enfant du nuage orageux.

705. (***) *Un enfant, dont le pouls a 75 pulsations à la minute, en compte 20 entre le moment où il perçoit l'éclair et celui où il entend le tonnerre. Sachant que l'apparition de l'éclair, qui dépend de la vitesse de la lumière peut être considérée comme instantanée et que le son parcourt 340 m par seconde, dire à quelle distance, en kilomètres, se trouve l'enfant du nuage orageux.*

## Exercices divers

706. (**) L. marche à 5 km par heure. A quelle heure L. doit-elle quitter son domicile pour arriver à la gare distante de 3,5 km de son domicile 8 minutes avant le départ du train de 8h05 ?

707. (**) *K. marche à 4 km par heure. A quelle heure K. doit-il quitter son domicile pour arriver à la gare distante de 4,5 km de son domicile 12 minutes avant le départ du train de 10h08 ?*

708. (**) Un cycliste doit parcourir 72 km en 5 h 12 minutes. Il parcourt la moitié à une vitesse de 12 km par heure. A quelle vitesse doit-il parcourir l'autre moitié du trajet ?

709. (***) Un train part de Dijon à 21h42 et arrive à Paris le lendemain à 11h03. Il s'arrête en moyenne 2 minutes 30 s dans les 36 gares du trajet. Sa vitesse est de 445 mètres par minute. Quelle est la distance du trajet ? A quelle heure arriverait-il à Paris s'il ne s'arrêtait pas dans les gares intermédiaires ?

710. (***) Un cycliste doit parcourir un trajet de 22 km. Il roule à 15 km par heure, sauf sur une côte de 2 km qu'il parcourt à 8 km par heure et sur une côte de 2 km qu'il parcourt à 4 km par heure. A quelle heure doit-il partir pour arriver à 8h30 ?

711. (***) Un cycliste parcourt un trajet de 4 km à 20 km/h puis le retour à la vitesse de 10 km/h. Quelle est la durée du trajet ? Quelle est la distance parcourue ? Quelle est la vitesse moyenne ?

712. (****) Deux cyclistes partent à 6h30 l'un vers l'autre de deux positions éloignées de 120 km, l'un à la vitesse de 30 km par heure, l'autre à 20 km par heure. A quelle heure se croisent-ils ? Quelles distances ont-ils chacun parcourues ?

713. (****) *Deux trains partent à 5h30 l'un vers l'autre de deux gares éloignées de 660 km, l'un à la vitesse de 54 km par heure, l'autre à 46 km par heure. A quelle heure se croisent-ils ? Quelles distances ont-ils chacun parcourues ?*

714. (****) Un train part de Paris vers Lyon (distance de 511 km) à 20 heures à la vitesse de 48 km par heure, et un autre part à 21h45 de Lyon vers Paris, à la vitesse de 22 km par heure. A quelle heure et à quelle distance de Paris les trains se rencontrent-ils ?

715. (****) *Deux cyclistes partent l'un vers l'autre de deux positions éloignées de 120 km, l'un à 6h à la vitesse de 30 km par heure, l'autre à 6h30 à la vitesse de 20 km par heure. A quelle heure se croisent-ils ? Quelles distances ont-ils chacun parcourues ?*

716. (****) Un cycliste part à la vitesse de 20 km par heure. Un automobiliste se met à sa poursuite une heure et demie après à la vitesse de 40 km par heure. A quelle heure l'automobiliste rattrapera-t-il le cycliste ? Quelle distance ont-ils parcourue ?

717. (****) *Un cycliste part à la vitesse de 30 km par heure. Un automobiliste se met à sa poursuite une heure 12 min après à la vitesse de 45 km par heure. A quelle heure l'automobiliste rattrapera-t-il le cycliste ? Quelle distance ont-ils parcourue ?*

718. (****) Une famille fait une promenade : l'aller en vélo à 12 km par heure, le retour à pied à la vitesse de 4 km par heure. Quelle distance ont-ils parcourue en deux heures ?

# F. LES UNITÉS DU SYSTÈME DÉCIMAL

Pour éviter d'utiliser des quantités avec des nombres très grands comme « 300000 mètres », ou très petits comme « 0 ,00001 kg », différentes unités de mesure existent dans chaque catégorie de mesure.

## 1. LES LONGUEURS

L'unité de base est le **mètre**, noté « **m** ».

Les autres unités les plus largement utilisées sont :

Le **décamètre**, noté « **dam** ». 1 dam = 10 m (*deca* en grec signifie dix).

L'**hectomètre**, noté « **hm** ». 1 hm = 100 m (*hecto* en grec signifie cent).

Le **kilomètre**, noté « **km** ». 1 km = 1000 m (*kilo* en grec signifie mille).

Le **décimètre**, noté « **dm** ». 1 dm = 0,1 m (*deci* en latin signifie dixième).
1 m = 10 dm

Le **centimètre**, noté « **cm** ». 1 cm = 0,01 m (*centi* en latin signifie centième).
1 m = 100 cm

Le **millimètre**, noté « **mm** ». 1 mm = 0,001 m (*milli* en latin signifie millième).
1 m = 1000 mm

Il en découle de nombreuses équivalences

Exemple :
1 km = 1000 m = 100 dam = 100000 cm

**Pour faire des opérations sur des longueurs exprimées dans des unités différentes, il faut d'abord les convertir dans la même unité de longueur.**

D'autres unités existent pour l'infiniment grand (étude de l'univers) ou l'infiniment petit (étude des atomes).

**Exercices sur les longueurs**

719. (*) Convertir les longueurs suivantes en mètre :
    236,8 cm ; 0,23 dam ; 1 374,8 mm ; 0,0087 hm ; 35,7 dm ; 23,9 km ;
    356,73 mm ; 0,04 dm ; 0,0045 km ; 3,67 dam ; 4,803 mm

720. (*) Convertir les longueurs suivantes dans l'unité appropriée pour avoir un nombre à un chiffre suivi des décimales.
    Exemple : 23,7 cm = 2,37 dm
    2 369,8 cm ; 0,023 dam ; 137 40,8 mm ; 0,00087 hm ; 305,7 dm ;
    3 506,73 mm ; 0,4 dm ; 0,00045 km ; 30,67 dam ; 40,803 mm

721. (*) L. mesure 1,45 m et S. mesure 8 cm de moins que L. Quelle est la taille de S. ?

722. (*) *L. mesure 1,73 m et S. mesure 9 cm de moins. Quelle est la taille de S. ?*

723. (*) Un ruban de tissu mesure 3,68 m. Combien de morceaux de 40 cm peut-on découper dans le ruban ?

724. (*) *Un ruban de tissu mesure 4,03 m. Combien de morceaux de 52 cm peut-on découper dans le ruban ?*

725. (*) Lors d'un inventaire, on trouve 4 bobines de corde de 58 dm chacune, 2 morceaux de corde de 95 cm chacun, et 3 rouleaux de corde de 2,7 dam chacun. Quelle est la longueur totale de corde trouvée en mètre ? Exprimer cette longueur dans une unité adaptée.

726. (*) *Lors d'un inventaire, on trouve 3 bobines de corde de 83,4 dm chacune, 4 morceaux de corde de 128 cm chacun, et 2 rouleaux de corde de 1,56 dam chacun. Quelle est la longueur totale de corde trouvée en mètre ? Exprimer cette longueur dans une unité adaptée.*

727. (*) Sur une épreuve de marathon de 42,195 kilomètres, les athlètes vont courir 9 800 mètres de montée et 87 hectomètres de descente. Quelle est la distance en kilomètres sans montée ni descente ?

728. (*) *Sur une épreuve de marathon de 42,195 kilomètres, les athlètes vont courir 137 hectomètres de montée et 146 décamètres de descente. Quelle est la distance en kilomètres sans montée ni descente ?*

729. (**) Un paquet cadeau est une boîte de 45 cm de longueur sur 23 cm de largeur et 18 cm de hauteur. Quelle longueur de ruban faut-il pour l'entourer sans faire de boucle décorative ? (faire un schéma)

730. (**) *Un paquet cadeau est une boîte de 40 cm de longueur sur 33 cm de largeur et 14 cm de hauteur. Quelle longueur de ruban faut-il pour l'entourer ? (faire un schéma)*

731. (**) Une planche fait 90 cm de long sur 8 cm de large. Expliquez comment on peut la découper en 3 morceaux de 4 cm de large ayant comme longueur 82 cm, 40 cm et 37 cm.

732. (**) *Une planche fait 100 cm de long sur 10 cm de large. Expliquez comment on peut la découper en 4 morceaux de 5 cm de large ayant comme longueur 64 cm, 58 cm, 40 cm et 34 cm.*

## 2. LES SUPERFICIES

L'unité de base est le **mètre carré**, noté « **m²** », qui correspond à la superficie d'un carré de 1 mètre de côté 1 m x 1 m = 1 m².

Les autres unités les plus largement utilisées sont :

Le **décamètre carré**, noté « **dam²** ». 1 dam² est la superficie d'un carré de 10 m par 10 m, donc **1 dam² = 100 m²** (10 x 10 x m x m)

L'**hectomètre carré**, noté « **hm²** ». 1 hm² = (100 x 100) m² = 10 000 m²

Le **kilomètre carré**, noté « **km²** ». 1 km² = (1 000 x 1 000 ) m² = 1 000 000 m²

Le **décimètre carré**, noté « **dm²** ». 1 dm² = (0,1 x 0,1) m² = 0,01 m²
1 m² = 100 dm²

Le **centimètre carré**, noté « **cm²** ». 1 cm² = (0,01 x 0,01) m² = 0.0001 m²
1 m² = 10 000 cm².

Le **millimètre carré**, noté « **mm²** ». 1 mm² = (0,001 x 0,001) m² = 0,000001 m²
1 m² = 1 000 000 mm²

Il en découle de nombreuses équivalences

Exemple :
1 km² = 100 hm² = 10 000 dam²

Les unités de superficie utilisées en agriculture sont :

L'hectare, noté « **ha** »
1 ha = 10 000 m² = 1hm²

L'are, noté « **a** »
1 a = 100 m² = 1 dam²

1 ha = 100 a.

**Pour faire des opérations sur des superficies exprimées dans des unités différentes, il faut d'abord les convertir dans la même unité de surface.**

D'autres unités existent pour l'infiniment grand ou l'infiniment petit.

## Initiation au calcul d'aires (superficies)

733. (*) Quelles sont les aires des figures ci-dessous exprimées en nombre de petits carreaux (unité de superficie) ? L'exprimer sous la forme d'une multiplication.

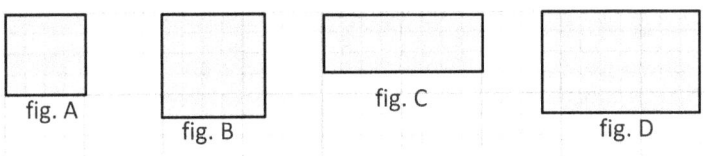

fig. A   fig. B   fig. C   fig. D

734. (*) Quelles sont les aires des figures ci-dessous exprimées en nombre de petits carreaux (unité de superficie) ?

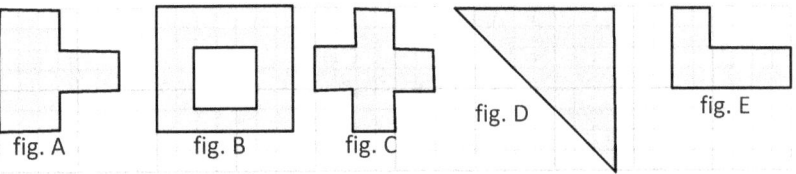

fig. A   fig. B   fig. C   fig. D   fig. E

735. (*) Exprimer l'aire des figures en nombre de petits carreaux et en nombre de grands carreaux (un grand carreau fait 4 sur 4 petits carreaux).

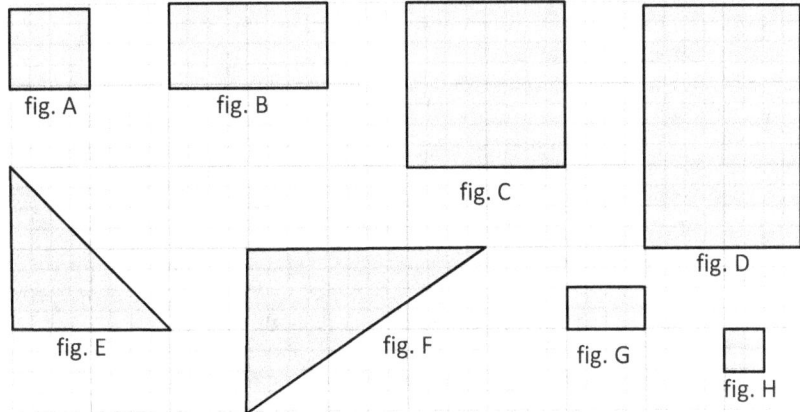

fig. A   fig. B   fig. C   fig. D   fig. E   fig. F   fig. G   fig. H

**Exercices sur les superficies**

736. (*) Convertir les superficies suivantes en mètre carré :
    236,8 cm² ; 0,23 dam² ; 1 374,8 mm² ; 0,0087 hm² ; 35,7 dm² ;
    23,9 km² ; 356,73 mm² ; 0,04 dm² ; 0,0045 km² ; 3,67 dam² ;
    4 803 000 mm²

737. (*) Convertir les superficies suivantes en mètre carré :
    216,9 cm² ; 1,47 dam² ; 137,8 mm² ; 0,087 hm² ; 5,7 dm² ;
    32,9 km² ; 56,73 mm² ; 0,004 dm² ; 0,045 km² ; 0,67 dam² ;
    6 901 000 mm²

738. (*) Convertir les superficies suivantes en mètre carré :
    2,45 ha ; 0,349 a ; 0,067 ha ; 34,8 a

739. (*) Convertir les superficies suivantes en mètre carré :
    4,45 ha ; 0,49 a ; 0,67 ha ; 4,8 a

740. (*) Un pot de peinture permet de couvrir 15,6 m². Combien faut-il de pots pour couvrir un toit de 9,75 dam² ?

741. (*) *Un pot de peinture permet de couvrir 13,8 m². Combien faut-il de pots pour couvrir un toit de 8,97 dam² ?*

742. (*) Pour réaliser un costume, un tailleur a acheté 4,82 m² de tweed, 2 780 cm² de flanelle, et 791,8 dm² de jersey. Quelle superficie totale de tissu a-t-il achetée ?

743. (*) *Pour réaliser un costume, un tailleur a acheté 3,87 m² de tweed, 458 dm² de flanelle, et 17 920 cm² de jersey. Quelle superficie totale de tissu a-t-il achetée ?*

744. (*) Une agricultrice possède 30,9 hectares de céréales, 918,7 ares de prairies, un potager de 570 m², et des vergers sur 3 058 dam². Quelle est la superficie de sa propriété foncière (terrain seul) en hectare ?

745. (*) *Un agriculteur possède 23,7 hectares de céréales, 878,3 ares de prairies, un potager de 450 m², et des vergers sur 2 345 dam². Quelle est la superficie de sa propriété foncière (terrain seul) en hectare ?*

746. (*) Une pépinière compte 7 parcelles de 340 dam². Quelle est la superficie en hectare ?

747. (*) *Une pépinière compte 9 parcelles de 290 dam². Quelle est la superficie en hectare ?*

748. (*) Un jardin a une superficie de 3 840 m². Au milieu se trouve un bassin en pierre de 16 a. Quelle est la superficie non empierrée ?

749. (*) *Un jardin a une superficie de 2 970 m². Au milieu se trouve un bassin en pierre de 24 a. Quelle est la superficie non empierrée ?*

750. (**) Sur un terrain de 4 ha, la ville a aménagé deux terrains de foot de 5 100 m² chacun, une piste d'athlétisme de 3 800 m² et un terrain de rugby de 6 400 m². Quelle est l'aire restante ?

751. (**) *Sur un terrain de 5 ha, la ville a aménagé deux terrains de rugby de 6 400 m² chacun, une piste d'athlétisme de 3 800 m² et un terrain de foot de 5 100 m². Quelle est l'aire restante ?*

752. (**) Dans un jardin de 5 a 32 ca se trouvent 4 bassins de 112 m². Quelle est la superficie utilisable pour mettre des fleurs ?

753. (**) *Dans un jardin de 6 a 84 ca se trouvent 5 bassins de 108 m². Quelle est la superficie utilisable pour mettre des fleurs ?*

754. (**) Une salle de classe est un rectangle de 8 m par 5 m. Quelle est son aire ? La classe est composée de 25 élèves. De quelle aire dispose chaque élève ?

755. (**) *Une salle de classe est un rectangle de 9 m par 4 m. Quelle est son aire ? La classe est composée de 24 élèves. De quelle aire dispose chaque élève ?*

756. (**) Une feuille format A4 est un rectangle de 21 cm par 29,7 cm. Quelle est l'aire de cette feuille ? Le grammage de cette feuille étant de 150 g/m² (150 g pour 1 m²). Calculer la masse d'une feuille.

757. (**) *Une feuille format A3 est un rectangle de 42 cm par 29,7 cm. Quelle est l'aire de cette feuille ? Le grammage de cette feuille étant de 120 g/m² (150 g pour 1 m²). Calculer la masse d'une feuille.*

758. (**) Les carreaux utilisés dans le métro parisien mesurent 15 cm sur 7,5 cm. Quelle est l'aire d'un carreau? D. souhaite recouvrir un mur de sa cuisine avec ces carreaux. Sachant que la surface à recouvrir est un rectangle de 12,5 m², combien de carreaux devra-t-il poser ?

759. (**) *Les carreaux utilisés dans un métro américain mesurent 14,5 cm sur 12 cm. Quelle est l'aire d'un carreau? D. souhaite recouvrir un mur de sa cuisine avec ces carreaux. Sachant que la surface à recouvrir est un rectangle de 18,5 m², combien de carreaux devra-t-il poser ?*

760. (**) La planète compte environ 8 milliards d'habitants. Si chaque habitant occupe un mètre carré, quelle superficie est nécessaire (en km²) ? Trouver un zone (commune, département, région, île…) dont la superficie peut-accueillir tous les habitants de la planète avec un habitant par m².

761. (***) La planète compte environ 8 milliards d'habitants. L'agence française de l'environnement estime qu'il faut 4 800 m² de superficie agricole pour nourrir un français mangeant de la viande une fois par jour. Quelle superficie serait nécessaire pour nourrir de la même façon tous les habitants de la planète ? Comparer avec la superficie cultivable de la planète estimée à 3 278 millions d'hectares.

## 3. LES VOLUMES ET LES CAPACITÉS

Le **volume** mesure l'espace occupé par un objet solide, liquide ou gazeux.

L'unité de base est le **mètre cube**, noté « m³ », qui correspond au volume d'un cube de 1 mètre de côté 1 m x 1 m x 1 m = 1 m³.

Les autres unités les plus largement utilisées sont :
Le **décamètre cube**, noté « dam³ ». 1 dam³ est la superficie d'un cube de 10 m par 10 m, donc **1 dam³ = 1 000 m³** (10 x 10 x 10 x m x m x m)

L'**hectomètre cube**, noté « hm³ ». 1 hm³ = (100 x 100 x 100) m³ = 1 000 000 m³

Le **kilomètre cube**, noté « km³ ». 1 km³ = (1 000 x 1 000 x 1 000 ) m³ = 1 000 000 000 m³

Le **décimètre cube**, noté « dm³ ». 1 dm³ = (0,1 x 0,1 x 0,1) m³ = 0,001 m³
1 m³ = 1 000 dm³

Le **centimètre cube**, noté « cm³ ». 1 cm³ = (0,01 x 0,01 x 0,01) m³ = 0.000001 m³
1 m³ = 1 000 000 cm³.

Le **millimètre cube**, noté « mm³ ». 1 mm³ = (0,001 x 0,001 x 0,001) m³ = 0,000 000 001 m³
1 m³ = 1 000 000 000 mm³

On utilisera le terme **capacité** pour mesurer ce que **peut contenir** un récipient. L'unité utilisée pour les capacités est le **litre**, noté « l » (initiale de « litre »), ou « L » (pour éviter la confusion avec le chiffre 1) et parfois « ℓ ».
1 L = 1 dm³ = 1 000 cm³.

Les sous-unités utilisées sont le **décilitre**, « dcL » pour un dixième de litre, le centilitre « cL » pour un centième de litre, le **millilitre** « mL » pour un millième de litre, l'**hectolitre** « hL » pour cent litres et le **décalitre** « daL » pour dix litres.
1 mL = = 1 cm³

Le terme de « volume » est parfois utilisé pour désigner la capacité d'un récipient lorsqu'il est vide et qu'il n'y a pas de confusion avec le volume du liquide qui s'y trouve.

D'autres unités existent pour l'infiniment grand ou l'infiniment petit.

**Exercices d'initiation au calcul de volumes**

Chaque petit cube représente une unité de volume.

1 unité
de volume

762. (*) Exprimer l'aire des volumes ci-dessous en nombre de petits cubes (unité de volume). L'exprimer sous la forme d'une multiplication.

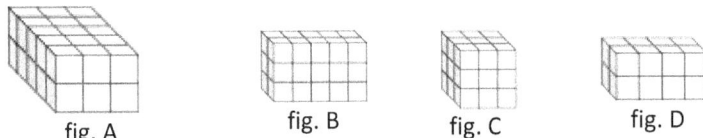

fig. A      fig. B      fig. C      fig. D

763. (*) Exprimer l'aire des volumes ci-dessous en nombre de petits cubes (unité de volume). L'exprimer sous la forme d'une multiplication.

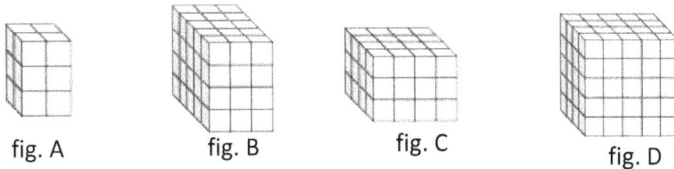

fig. A      fig. B      fig. C      fig. D

764. (*) Exprimer l'aire des volumes ci-dessous en nombre de petits cubes (unité de volume).

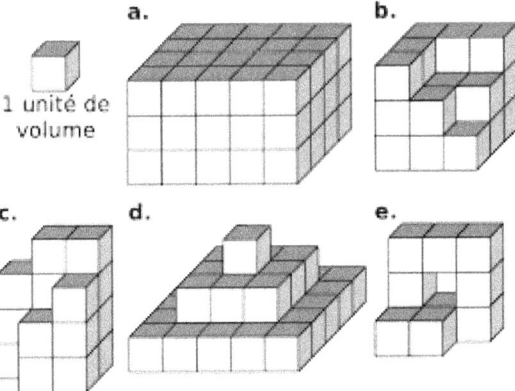

**Exercices sur les volumes et capacités**

765. (*) Pour préparer une potion, un sorcier mélange 45,6 cm³ de sirop de sureau, 4400 mm³ de bave de crapaud, 0,7 dm³ d'eau de pluie et 0,00005 m³ de vin. Quel est le volume de sa préparation en litre?

766. (*) *Pour préparer une potion, une sorcière mélange 73,7 cm³ de sirop de tilleul, 6300 mm³ de bave d'escargot, 0,6 dm³ d'eau de pluie et 0,00004 m³ de bière. Quel est le volume en litre de sa préparation ?*

767. (*) On peut verser 8 verres de 15 cL dans un vase. Quelle est la capacité de ce vase ?

768. (*) *On peut verser 12 verres de 18 cL dans un vase. Quelle est la capacité de ce vase ?*

769. (*) Un laborantin transvase 3 L d'une préparation dans des flacons de 20 cL. Combien de flacons peut-il remplir ?

770. (*) *Une laborantine transvase 2,7 L d'une préparation dans des flacons de 15 cL. Combien de flacons peut-il remplir ?*

771. (*) D. a acheté un container contenant 0,657 dam³ de lait. Combien de bouteilles d'une capacité de 75 cl peut-il remplir ?

772. (*) *D. a acheté un container contenant 0,478 dam³ de lait. Combien de bouteilles d'une capacité de 80 cl peut-il remplir ?*

773. (*) Une goutte d'eau a un volume d'environ 50 mm³. Combien de gouttes faut-il pour remplir un verre d'une capacité de 15 cl ?

774. (*) *Une goutte d'eau a un volume d'environ 50 mm³. Combien de gouttes faut-il pour remplir une bouteille d'une capacité de 0,75 L ?*

775. (*) Le réservoir d'une automobile a une capacité de 65 litres. Pour faire le plein, il a fallu y verser 46,7 litres. Quel volume d'essence y était déjà présent ?

776. (*) *Le réservoir d'une automobile a une capacité de 73 litres. Pour faire le plein, il a fallu y verser 53,8 litres. Quel volume d'essence y était déjà présent ?*

777. (*) Une bouteille d'un litre permet de remplir 16 verres. Quelle est la capacité de chaque verre exprimée dans une unité adaptée ?

778. (*) *Une bouteille d'un litre et demi permet de remplir 20 verres. Quelle est la capacité de chaque verre exprimée dans une unité adaptée ?*

779. (*) *En France en 2016, les 66,5 millions d'habitants ont consommé 3,5511 hm³ d'eau. Combien de litres par personne par jour cela représente-t-il ?*

780. (**) Une bouteille de sirop de menthe contient 0,75 L. Il est conseillé d'ajouter 7 doses d'eau à une dose de sirop pour obtenir une boisson équilibrée ? Combien de verres de menthe d'un volume de 20 cl peut-on constituer avec cette bouteille de sirop ?

781. (**) *Une bouteille de sirop de fraise contient 0,66 L. Il est conseillé d'ajouter 6 doses de lait à une dose de sirop pour obtenir une boisson équilibrée ? Combien de verres de lait fraise de 15 cl peut-on constituer avec cette bouteille de sirop ?*

## 4. LES MASSES

L'unité de base est le **gramme**, noté « **g** ».

Les autres unités les plus largement utilisées sont :
Le **décagramme**, noté « **dag** ». 1 dag = 10 g.

L'**hectogramme**, noté « **hg** ». 1 hg = 100 g.

Le **kilogramme**, noté « **kg** ». 1 kg = 1000 g.

La **tonne**, noté « **t** ». 1 t = 1000 kg.

Le **décigramme**, noté « **dg** ». 1 dg = 0,1 g.
1 g = 10 dg

Le **centigramme**, noté « **cg** ». 1 cg = 0,01 g.
1 g = 100 cg

Le **milligramme**, noté « **mg** ». 1 mg = 0,001 g.
1 g = 1 000 mg

Il en découle de nombreuses équivalences :
Exemple :
1 kg = 1 000 g = 100 dag = 100 000 cg

D'autres unités existent pour l'infiniment grand (étude de l'univers) ou l'infiniment petit (étude des atomes).

Pour faire des opérations sur des longueurs exprimées dans des unités différentes, il faut d'abord les convertir dans la même unité de longueur.

**Exercices sur les masses**

782. (*) Convertir les masses suivantes en gramme :
    236,8 dg ; 356 mg ; 0,0654 t ; 4,56 dag ; 0,876 kg ; 3458 mg

783. (*) Un grain de sable moyen pèse environ 80 mg. Combien de grains de sable y a-t-il dans un seau de 1 kg ?

784. (*) *Un grain de sable fin pèse environ 60 mg. Combien de grains de sable y a-t-il dans un seau de 1,2 kg ?*

785. (*) Une pièce de un euro pèse 75 dg. Quelle fortune représente une masse de 40,5 kg de pièces de un euro ?

786. (*) *Une pièce de 50 centimes d'euro pèse 78 dg. Quelle fortune représente une masse de 39 kg de pièces de 50 centimes ?*

787. (*) Combien de sacs de 40 kg peut-on remplir avec 1,2 tonne de sable ?

788. (*) *Combien de sacs de 50 kg peut-on remplir avec 2,7 tonne de farine ?*

789. (*) Un pot plein de miel pèse 1,15 kg grammes. Le pot vide ne pèse que 55 grammes. Quelle masse de miel en kg se trouve dans le pot ?

790. (*) *Un pot plein de confiture pèse 1,35 kg grammes. Le pot vide ne pèse que 65 grammes. Quelle masse de confiture en kg se trouve dans le pot ?*

791. (*) M. ajoute 3,5 kg de sucre à 6,5 kg de fraises pour faire de la confiture. Le mélange perd 1,85 kg à la cuisson. Quelle masse de confiture obtient-on ?

792. (*) *L. ajoute 4,8 kg de sucre à 9,2 kg d'abricots pour faire de la confiture. A la cuisson, le mélange perd 1,95 kg. Quelle masse de confiture obtient-on ?*

793. (*) O. ajoute 3,8 kg de sucre à 7,2 kg d'abricots pour faire de la confiture. A la cuisson, le mélange perd 1,75 kg. Combien de bocaux remplis totalement de 500 g de confiture obtient-on ?

794. (*) *P. ajoute 4,7 kg de sucre à 6,9 kg de coings pour faire de la confiture. A la cuisson, le mélange perd 2,45 kg. Combien de bocaux remplis totalement de 750 g de confiture obtient-on ?*

795. (**) Une confiture est cuisinée avec 8 kg de fruits, 550 g de sucre par kg de fruits et 500 dg de pectine. Pendant la cuisson, le mélange perd 2,7 kg par évaporation. Combien de pots de 250 g pourra-t-on remplir ?

796. (**) *Une confiture est cuisinée avec 7 kg de fruits, 650 g de sucre par kg de fruits et 400 dg de pectine. Pendant la cuisson, le mélange perd 1,69 kg par évaporation. Combien de pots de 300 g pourra-t-on remplir ?*

797. (**) Un camion pèse 2,8 t à vide. Après avoir chargé des caisses de 45 kg, le camion pèse 3,97 t. Combien de caisses ont été chargées dans le camion?

798. (**) *Un camion pèse 1,9 t à vide. Après avoir chargé des caisses de 35 kg, le camion pèse 3,23 t. Combien de caisses ont été chargées dans le camion?*

**Exercices combinés sur les masses et les volumes ou les surfaces**

799. (*) L'eau pèse 1 kg/L (masse volumique). Quel volume représente 5,5 kg d'eau ?

800. (*) *La glace pèse 0,91 kg/L (masse volumique). Quel volume représente 5,5 kg d'eau transformée en glace (l'eau ne perd pas de masse en gelant) ?*

801. (*) L'eau pèse 1 kg/L et la glace pèse 0,91 kg/L. Quel récipient faut-il prévoir pour mettre au congélateur 2 litres d'eau ?

802. (*) *L'eau pèse 1 kg/L et la glace pèse 0,91 kg/L. Quel récipient faut-il prévoir pour mettre au congélateur 3,5 litres d'eau ?*

803. (*) L'eau pèse 1 kg/L et la glace pèse 0,91 kg/L. Quel volume d'eau obtient-on en faisant fondre 4 litres de glace ?

804. (*) *L'eau pèse 1 kg/L et la glace pèse 0,91 kg/L. Quel volume d'eau obtient-on en faisant fondre 10 litres de glace ?*

805. (*) 1 694 litres de vapeur d'eau pèse 1 kg. Quel volume représente 1 litre d'eau transformée en vapeur ?

806. (*) *1 694 litres de vapeur d'eau pèse 1 kg. Quel volume représente 2,35 litres d'eau transformée en vapeur ?*

807. (*) 1 694 litres de vapeur d'eau pèse 1 kg. Quel volume d'eau liquide faut-il pour obtenir 3 m$^3$ de vapeur d'eau ?

808. (*) *1 694 litres de vapeur d'eau pèse 1 kg. Quel volume d'eau liquide faut-il pour obtenir 5,5 m$^3$ de vapeur d'eau ?*

809. (*) L'huile pèse 0,91 kg/L (masse volumique). Quel volume représente 45 kg d'huile ?

810. (*) *Le fioul pèse 0,88 kg/L (masse volumique). Quel volume représente 45 kg de fioul ?*

811. (**) On fait dissoudre 2 kg de sucre dans 6 litres d'eau. Quel volume d'eau faut-il ajouter pour obtenir un mélange qui contient 100 g de sucre par litre ?

812. (**) *On fait dissoudre 3 kg de sucre dans 9 litres d'eau. Quel volume d'eau faut-il ajouter pour obtenir un mélange qui contient 50 g de sucre par litre ?*

813. (**) Un hectare de blé fournit 1,25 tonne de farine, et 1 kg de farine permet d'obtenir un pain de 1100 g. Quelle superficie faut-il cultiver en blé pour nourrir pendant un an un homme qui mange 770 g de pain chaque jour ?

814. (**) *Un hectare de seigle fournit 1,15 tonne de farine, et 1 kg de farine permet d'obtenir un pain de 1200 g. Quelle superficie faut-il cultiver en seigle pour nourrir pendant un an un homme qui mange 680 g de pain de seigle chaque jour ?*

815. (**) Une tonne d'eau de mer abandonne par évaporation 32 kg de sel. On demande, en mètres cubes, le volume d'eau de mer qu'il faudra faire évaporer pour obtenir 500 kg de sel, sachant que le litre d'eau de mer pèse 1 025 g.

# G. FORMULES DE CALCULS GÉOMÉTRIQUES

## 1. LES PÉRIMETRES PLANS GÉOMÉTRIQUES

Le terme « périmètre » a pour origine le terme grec *péri* qui signifie « autour », comme dans le mot périphérique.

### Polygone quelconque

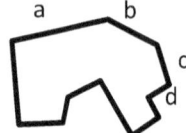

Le périmètre est obtenu en additionnant les longueurs de chaque côté
A = a + b + c + d …

### Rectangle dont les mesures des côtés sont L (Longueur) et l (largeur) :

P = (L + l) *2

Remarque : un carré est un rectangle dont largeur et longueur ont la même mesure

### Triangle dont les côtés ont pour mesure a, b et c :

P = a + b + c

### Cercle dont le diamètre a pour mesure D :

P = Π x D = 2 x Π x r = 3,14 x D = 2 x 3,14 x r

Remarque : Le rayon r est la moitié du diamètre D.
Dans cet ouvrage, on utilisera la valeur approchée au centième 3,14 à la place de Π (Pi).
Pour un cercle, on utilise également le terme de « circonférence » à la place de « périmètre ».

Voir en Annexe les activités sur le périmètre du cercle et le nombre Π.

**Exercices de calculs de périmètres**

816. (*) Une nappe de 1,2 m sur 0,8 m doit être décorée d'un ruban sur tout le tour. Quelle longueur de ruban faut-il prévoir ?

817. (*) *Une nappe de 1,4 m sur 0,9 m doit être décorée d'un ruban sur tout le tour. Quelle longueur de ruban faut-il prévoir ?*

818. (*) Un jardinier veut entourer entièrement son potager de 35 mètres sur 55 mètres d'une clôture en bois. Quelle longueur de clôture doit-il prévoir ?

819. (*) *Un jardinier veut entourer entièrement son potager de 65 mètres sur 45 mètres d'une clôture en bois. Quelle longueur de clôture doit-il prévoir ?*

820. (*) La cour d'une école a la forme d'un carré dont les côtés mesurent chacun 37 mètres. Quelle distance parcourt un élève qui fait le tour de la cour ?

821. (*) *La cour d'une école a la forme d'un carré dont les côtés mesurent chacun 29 mètres. Quelle distance parcourt un élève qui fait le tour de la cour ?*

822. (**) Une maison fait 26 mètres sur 18 mètres. On veut l'entourer entièrement d'une petite barrière située à 1,50 m du mur. Quelle est la longueur totale de cette barrière ?

823. (**) *Une maison fait 31 mètres sur 19 mètres. On veut l'entourer d'une petite barrière située à 2,50 m du mur. Quelle est la longueur totale de cette barrière ?*

824. (*) Une nappe triangulaire a des côtés qui mesurent 85 cm, 78 cm et 58 cm. Quelle longueur de liseré en mètre faut-il prévoir pour faire le tour de la nappe ?

825. (*) *Une nappe triangulaire a des côtés qui mesurent 72 cm, 66 cm et 82 cm. Quelle longueur de liseré en mètre faut-il prévoir pour faire le tour de la nappe ?*

826. (*) Un bassin circulaire a un diamètre de 8 mètres. Quelle est sa circonférence ?

827. (*) *Un bassin circulaire a un diamètre de 12 mètres. Quelle est sa circonférence ?*

828. (**) Un terrain mesure 4 m sur 5 m. Si on double les dimensions de ce terrain, par combien son périmètre est-il multiplié ?

829. (**) *Un terrain mesure 6 m sur 8 m. Si on triple les dimensions de ce terrain, par combien son périmètre est-il multiplié ?*

830. (***) Le diamètre de la Terre est de 12 742 km. Imaginer une corde qui en fait le tour. De combien faut-il rallonger la corde pour qu'elle se retrouve à une hauteur de 1 mètre tout autour de la Terre ?

831. (***) *Le diamètre de la Lune est de 3 474 km. Imaginer une corde qui en fait le tour. De combien faut-il rallonger la corde pour qu'elle se retrouve à une hauteur de 1 mètre tout autour de la Lune ?*

## 2. LES AIRES PLANES GÉOMÉTRIQUES

On peut utiliser également le terme de « superficie » à la place de « aire ».

### Trapèze de hauteur h et de côtés de longueur a et b

A = h x (a + b) /2

### Rectangle dont les mesures des côtés sont L (Longueur) et l (largeur) :

A = L x l

Remarque : un carré est un rectangle dont largeur et longueur ont la même mesure.

### Triangle rectangle dont les deux petits côtés ont pour mesure a et b :

A = (a x b)/ 2

### Triangle dont on connaît la mesure d'un côté a et la hauteur h associée :

A = (a x h)/ 2

### Cercle dont le rayon a pour mesure r :

A = Π x r x r = 3,14 x r x r

dans cet ouvrage on arrondit Π à 3,14  (Π se lit « Pi », voir l'annexe)

**Exercices de calcul d'aires (superficies)**

832. (*) Une chambre mesure 5 mètres sur 4. Quelle est son aire ?

833. (*) *Une chambre mesure 4,5 mètres sur 3,5. Quelle est son aire ?*

834. (*) Le terrain de rugby est un rectangle qui doit mesurer entre 100 mètres et 110 mètres de long, et entre 64 mètres et 75 mètres de large. Quelles sont les aires minimale et maximale d'un terrain de football en hectare ?

835. (*) *Le terrain de rugby est un rectangle qui doit mesurer entre 94 mètres et 100 mètres de long, et entre 68 mètres et 70 mètres de large. Quelles sont les aires minimale et maximale d'un terrain de rugby en hectare ?*

836. (*) Un jardin a la forme d'un triangle rectangle dont les deux côtés adjacents à l'angle droit mesurent 23 et 45 mètres. Quelle est son aire ?

837. (*) *Un jardin a la forme d'un triangle rectangle dont les deux côtés adjacents à l'angle droit mesurent 35,5 et 39,8 mètres. Quelle est son aire ?*

838. (*) Une planche triangulaire a pour base un côté de 6,8 mètres et pour hauteur 4,9 mètres. Quelle est l'aire de cette planche ?

839. (*) *Une planche triangulaire a pour base un côté de 4,7 mètres et pour hauteur 3,2 mètres. Quelle est l'aire de cette planche ?*

840. (**) Quelle est l'aire d'un échiquier carré composé de 64 cases (8 par 8) mesurant chacune 4 cm de côté ?

841. (**) *Quelle est l'aire d'un plateau de jeu de dames carré composé de 100 cases (10 par 10) mesurant chacune 3 cm de côté ?*

842. (**) Une table carrée de 80 cm sur 80 cm est percée en son centre par un trou circulaire de 25 cm de diamètre. Quelle est l'aire à couvrir de peinture ?

843. (**) *Une table carrée de 70 cm sur 70 cm est percée en son centre par un trou circulaire de 28 cm de diamètre. Quelle est l'aire à couvrir de peinture ?*

844. (**) Combien de carreaux de 225 cm² faut-il pour carreler une pièce de 37,125 m² ?

845. (**) *Combien de carreaux de 265 cm² faut-il pour carreler une pièce de 92,75 m² ?*

846. (***) Un terrain mesure 4 m sur 5 m. Si on double les dimensions de ce terrain, par combien son aire est-elle multipliée ?

847. (***) *Un terrain mesure 6 m sur 8 m. Si on triple les dimensions de ce terrain, par combien son aire est-elle multipliée ?*

848. (****) La surface d'une classe est de 54,5 m². Chaque élève doit bénéficier d'une surface de 80 dm², et l'estrade du maître occupe la place de 4 élèves. L'espace de circulation représente 15,2 m². Combien d'élèves peut accueillir cette salle ?

849. (***) Calculer l'aire du terrain schématisé ci-dessous

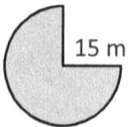

850. (***) Calculer l'aire du terrain schématisé ci-dessous

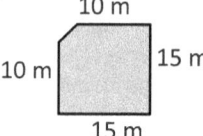

851. (***) Calculer l'aire du terrain schématisé ci-dessous

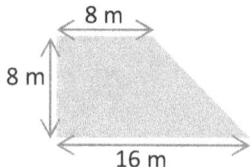

852. (***) Calculer l'aire du terrain schématisé ci-dessous

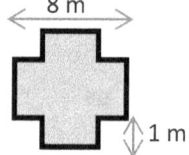

853. (****) Calculer l'aire de la façade ci-dessous

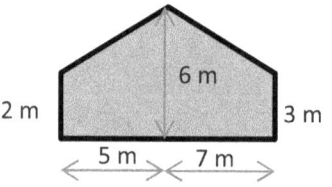

854. (****) Calculer l'aire de la piste de sport ci-dessous, large de 8 mètres

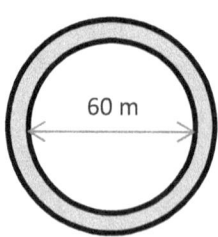

## 3. LES VOLUMES (CAPACITÉS) GÉOMÉTRIQUES

**Parallélépipède rectangle (« boite rectangulaire ») dont les mesures des côtés sont L (Longueur) l (largeur) et h (hauteur) :**

$V = L \times l \times h$

Remarque : un cube est un parallélépipède rectangle dont largeur, longueur et hauteur ont la même mesure.

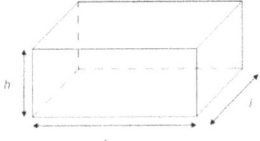

**Cylindre de rayon r et de hauteur h :**

$V = \Pi \times r \times r \times h = 3,14 \times r \times r \times h$

(dans cet ouvrage on arrondit $\Pi$ à 3,14)

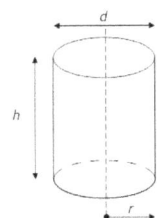

**Sphère de rayon r :**

$V = \dfrac{4}{3} \times \Pi \times r \times r \times r = \dfrac{4}{3} \times 3,14 \times r \times r \times r$

(dans cet ouvrage on arrondit $\Pi$ à 3,14)

**Cône de base de rayon r et de hauteur h :**

$V = \dfrac{1}{3} \times \Pi \times r \times r \times h = \dfrac{1}{3} \times A \times h$

avec A qui est l'aire de la base.

dans cet ouvrage on arrondit $\Pi$ à 3,14 ($\Pi$ se lit « Pi », voir l'annexe)

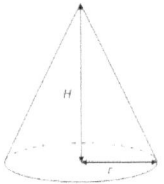

**Pyramide de base carrée de côté c et de hauteur h :**

$V = \dfrac{1}{3} \times c \times c \times h = \dfrac{1}{3} \times A \times h$

avec A qui est l'aire de la base.

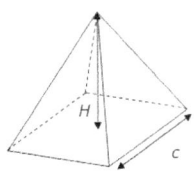

## Exercices de calcul de volumes

855. (*) Quel est le volume (la capacité) d'une boite à chaussures de 30 cm sur 25 cm sur 20 cm, en cm³ et en litre ?

856. (*) *Quel est le volume (la capacité) d'un carton de déménagement de 80 cm sur 60 cm sur 50 cm, en cm³ et en litre ?*

857. (*) Quel est le volume (la capacité) d'une canette de jus de fruit considérée comme cylindrique de rayon 3 cm et de hauteur 12 cm), en cm³ et en litre (arrondi au centième près) ?

858. (*) *Quel est le volume (la capacité) d'une canette de jus de fruit considérée comme cylindrique de rayon 3,5 cm et de hauteur 14 cm, en cm³ et en litre (arrondi au centième près ?*

859. (*) Quel est le volume (la capacité) d'un ballon de football considéré comme une sphère de 11 cm de rayon, en cm³ et en litre (arrondi au centième près ?

860. (*) *Quel est le volume (la capacité) d'un ballon de basketball considéré comme une sphère de 12 cm de rayon, en cm³ et en litre (arrondi au centième près ?*

861. (*) Un tas de sable forme un cône de 1 mètre de hauteur, large à la base de 1,70 m. Quel est le volume du tas de sable en m³ et en litre ?

862. (*) *Un tas de sable forme un cône de 1,5 mètres de hauteur, large à la base de 2,55 m. Quel est le volume du tas de sable en m³ et en litre ?*

863. (**) Les dimensions initiales de la pyramide à base carrée de Kheops (Égypte) sont 440 coudées royales anciennes pour le côté du carré, et 280 coudées royales pour la hauteur. La coudée royale mesure 52,35 cm. Quel est le volume de la pyramide en m³ ?

864. (**) *Les dimensions initiales de la pyramide à base carrée de Khephren (Égypte) sont 410 coudées royales anciennes pour le côté du carré, et 275 coudées royales pour la hauteur. La coudée royale mesure 52,35 cm. Quel est le volume de la pyramide en m³ ?*

865. (**) Une caisse mesure 1 m sur 2 m sur 3 m. Si on double ses dimensions, par combien multiplie-t-on son volume ?

866. (**) *Une caisse mesure 1,5 m sur 2,5 m sur 3,5 m. Si on triple ses dimensions, par combien multiplie-t-on son volume ?*

867. (**) Si on multiplie par 2 le volume d'une sphère de 1 m de rayon, par combien multiplie-t-on son volume ?

868. (**) Si on multiplie par 3 le volume d'une sphère de 1 m de rayon, par combien multiplie-t-on son volume ?

869. (***) Quel est le rapport entre le volume d'un ballon de 20 cm de diamètre et celui de la boite qui le contient parfaitement ?

870. (***) *Quel est le rapport entre le volume d'un ballon de 30 cm de diamètre et celui du cylindre qui le contient parfaitement ?*

871. (**) Un parallélépipède rectangle a pour volume 79,56 m3. Les dimensions de sa base sont de 3 m et 6,8 m. Quelle est sa hauteur ?

872. (**) *Un parallélépipède rectangle a pour volume 87,75 m3. Les dimensions de sa base sont de 4 m et 5,6 m. Quelle est sa hauteur ?*

873. (**) Un aquarium a la forme d'un pavé droit dont la base est un rectangle de 35 cm de long et 18 cm de large. Sa hauteur est de 21 cm.
On y verse de l'eau jusqu'aux deux tiers de sa hauteur. Quel est le volume d'eau versé (en litres) ?

874. (**) *Un aquarium a la forme d'un pavé droit dont la base est un rectangle de 45 cm de long et 22 cm de large. Sa hauteur est de 38 cm.*
*On y verse de l'eau jusqu'aux trois quarts de sa hauteur. Quel est le volume d'eau versé (en litres) ?*

875. (**) Une fontaine intermittente fournit en moyenne 80 l d'eau à la minute. Combien mettra-t-elle de temps pour remplir un bassin qui mesure 1,50 m de longueur sur 0,80 m de largeur et 0,75 m de profondeur ?

**Exercices divers**

876. Les grandes roues d'un chariot ont 75 cm de rayon, et les petites 45 cm de rayon. Dans un parcours de 19,8 km, combien de tours complets font les grandes roues ? Les petites roues ?

877. Sur un vélo, il y a un pédalier (avec les pédales) avec un certain nombre de dents, et un pignon sur la roue arrière avec un certain nombre de dents.

Si le pédalier compte 32 dents, et le pignon compte 16 dents, combien de tours fera la roue lorsqu'on fait un tour de pédalier ? La roue arrière a un rayon de 40 cm. Quelle distance sera parcourue à chaque tour de pédalier ?

878. Si le pédalier compte 32 dents, et le pignon compte 8 dents (on change de « rapport »), combien de tours fera la roue lorsqu'on fait un tour de pédalier ? La roue arrière a un rayon de 40 cm. Quelle distance sera parcourue à chaque tour de pédalier ?

# H. L'ÉCHELLE

## 1. COEFFICIENT D'AGRANDISSEMENT

Il est souvent utile de représenter la réalité en l'agrandissant, comme par exemple le schéma d'un insecte. Le coefficient d'**agrandissement** « A » est le nombre par lequel on a **multiplié** les dimensions de la réalité. Ce coefficient multiplicateur « A » est **plus grand que 1** puisqu'il s'agit d'un **agrandissement**.

On dit que l'échelle de la représentation est à l'échelle « A », par exemple à l'échelle 5 si on a agrandi 5 fois la réalité.

### Exemple de calcul de dimensions après agrandissement

Un insecte mesure 3 mm dans la réalité. L'insecte est dessiné avec un coefficient d'agrandissement de 10 (échelle de 10). Quel est sa dimension sur le dessin (on utilisera une unité appropriée) ?

Calcul de la dimension de l'insecte sur le dessin
3 x 10 = 30
L'insecte mesure 30 mm sur le dessin, soit 3 cm.

### Exemple de calcul de coefficient d'agrandissement

« Un insecte mesure 2 mm dans la réalité. L'insecte dessiné mesure 4 cm. Quel est le coefficient d'agrandissement ? Quelle est l'échelle ? »

**Remarque :** il faut mettre la dimension réelle et la dimension représentée dans la même unité de mesure.

| |
|---|
| Conversion de la dimension représentée |
| 4 cm = 40 mm |
| Calcul du coefficient d'agrandissement |
| 40 / 2 = 20 |
| Le coefficient d'agrandissement est de 20. Ce qui signifie que la taille de l'insecte a été multipliée par 20 sur le dessin. La représentation est à l'échelle 20. |

Un coefficient d'agrandissement n'est pas nécessairement un nombre entier. On peut multiplier les dimensions réelles par 1,5 par exemple, ce qui revient à agrandir « une fois et demi ».

## Exercices de calcul de dimensions après agrandissement

879. (*) Un insecte mesure 1,5 mm dans la réalité. L'insecte est dessiné avec un coefficient d'agrandissement de 8. Quelle est sa dimension sur le dessin (on utilisera une unité appropriée)?

880. (*) *Un insecte mesure 2,5 mm dans la réalité. L'insecte est dessiné avec un coefficient d'agrandissement de 6. Quelle est sa dimension sur le dessin (on utilisera une unité appropriée) ?*

881. (*) Un flocon de neige mesure 3,8 mm dans la réalité. Le flocon est dessiné avec un coefficient d'agrandissement de 12. Quelle est sa dimension sur le dessin (on utilisera une unité appropriée)?

882. (*) *Un flocon de neige mesure 2,9 mm dans la réalité. Le flocon est dessiné avec un coefficient d'agrandissement de 11. Quelle est sa dimension sur le dessin (on utilisera une unité appropriée)?*

883. (*) Un grain de sable mesure 0,8 mm dans la réalité. Le grain de sable est dessiné avec un coefficient d'agrandissement de 22,5. Quelle est sa dimension sur le dessin (on utilisera une unité appropriée)?

884. (*) *Un grain de sable mesure 0,4 mm dans la réalité. Le grain de sable est dessiné avec un coefficient d'agrandissement de 27,5. Quelle est sa dimension sur le dessin (on utilisera une unité appropriée)?*

## Exercices de calcul de coefficient d'agrandissement (l'échelle)

885. (*) Un insecte mesure 2 mm dans la réalité. L'insecte dessiné mesure 6 cm. Quel est le coefficient d'agrandissement (l'échelle) ?

886. (*) *Un insecte mesure 3 mm dans la réalité. L'insecte dessiné mesure 9 cm. Quel est le coefficient d'agrandissement (l'échelle) ?*

887. (*) Un flocon de neige mesure 1,8 mm dans la réalité. Le flocon dessiné mesure 9 cm. Quel est le coefficient d'agrandissement (l'échelle) ?

888. (*) *Un flocon de neige mesure 1,2 mm dans la réalité. Le flocon dessiné mesure 15 cm. Quel est le coefficient d'agrandissement (l'échelle) ?*

889. (*) Un grain de sable mesure 0,8 mm dans la réalité. Le flocon dessiné mesure 7 cm. Quel est le coefficient d'agrandissement (l'échelle) ?

890. (*) *Un grain de sable mesure 1,6 mm dans la réalité. Le flocon dessiné mesure 10 cm. Quel est le coefficient d'agrandissement (l'échelle) ?*

## Exercices de calcul de dimensions réelles

891. (*) Un insecte est représenté par un dessin de 14 cm à l'échelle 70. Quelle est sa taille réelle ?

892. (*) *Un insecte est représenté par un dessin de 27 cm à l'échelle 90. Quelle est sa taille réelle ?*

893. (*) Un grain de sable est représenté par un dessin de 11,2 cm à l'échelle 560. Quelle est sa taille réelle ?

894. (*) *Un grain de sable est représenté par un dessin de 40,5 cm à l'échelle 540. Quelle est sa taille réelle ?*

895. (*) Un flocon de neige est représenté par un dessin de 12 cm à l'échelle 60. Quelle est sa taille réelle ?

896. (*) Un flocon de neige est représenté par un dessin de 10 cm à l'échelle 80. Quelle est sa taille réelle ?


## 2. COEFFICIENT DE RÉDUCTION

On peut également avoir besoin de représenter la réalité sous une forme réduite. Par exemple, le plan d'une maison, la carte d'un territoire sont des réductions de la réalité. Le coefficient de réduction est le nombre R par lequel on a **divisé** les dimensions de la réalité. Ce nombre est plus grand que 1.
On dit que l'échelle de la représentation est à l'échelle « 1 : R ».
Par exemple, pour une réduction par 25, l'échelle se note « 1 : 25 » et on dira que l'échelle est du « un vingt-cinquième » ou de « un sur 25 » si on a réduit 25 fois la réalité.

### Exemple de calcul de dimensions après réduction

Une haie mesure 400 m dans la réalité. La haie est dessinée avec un coefficient de réduction de 10000 (échelle 1 : 10000). Quel est sa dimension sur le dessin (on utilisera une unité appropriée) ?

Calcul de la longueur de la haie sur le dessin
400 / 10000 = 0,04
La haie mesure 0,04 m sur le dessin, soit 4 cm.

### Exemple de calcul de coefficient de réduction

« Une haie mesure 200 m dans la réalité. La haie dessinée mesure 2 cm. Quel est le coefficient de réduction ? Quelle est l'échelle ? »

**Remarque :** il faut mettre la dimension réelle et la dimension représentée dans la même unité de mesure.

> Conversion de la dimension réelle
> 200 m = 20000 cm
> Calcul du coefficient de réduction
> 20000 / 2 = 10 000
> Le coefficient de réduction est de 10 000. Ce qui signifie que la longueur de la haie a été divisée par 10 000 sur le dessin. L'échelle de la représentation est de 1 : 10 000.

Un coefficient de réduction n'est pas nécessairement un nombre entier. On peut diviser les dimensions réelles par 1,5 par exemple, ce qui revient à réduire « une fois et demi ».

### Exercices de calcul de dimensions après réduction

897. (*) Une haie mesure 150 m dans la réalité. Elle est dessinée sur un plan à l'échelle du 1 : 10000 (coefficient de réduction de 10000). Quelle est sa dimension sur le dessin (on utilisera une unité appropriée) ?

898. (*) *Une haie mesure 220 m dans la réalité. Elle est dessinée sur un plan à l'échelle du 1 : 11000 (coefficient de réduction de 11000). Quelle est sa dimension sur le dessin (on utilisera une unité appropriée) ?*

899. (*) Une maison mesure 30 mètres sur 20 mètres. Quelles sont ses dimensions sur un plan d'architecte au 1 :50 (coefficient de réduction de 50) ?

900. (*) *Une maison mesure 40 mètres sur 25 mètres. Quelles sont ses dimensions sur un plan d'architecte au 1 :40 (coefficient de réduction de 40) ?*

901. (*) Une piste d'une longueur de 3100 mètres est nécessaire pour le décollage de l'avion Airbus A380. Quelle est la dimension d'une telle piste sur une carte de randonnée à l'échelle 1 :25000 (coefficient de réduction de 25000) ?

902. (*) *Une piste d'une longueur de 2450 mètres est nécessaire pour le décollage de l'avion Boeing 737. Quelle est la dimension d'une telle piste sur une carte de randonnée à l'échelle 1 :20000 (coefficient de réduction de 20000) ?*

903. (*) Une ligne électrique fait 12,8 km de long. Quelle est sa dimension sur une carte routière à l'échelle 1 :100000 (coefficient de réduction de 100000) ?

904. (*) *Une ligne électrique fait 28 km de long. Quelle est sa dimension sur une carte routière à l'échelle 1 :200000 (coefficient de réduction de 200000) ?*

**Exercices de calcul de coefficient de réduction (l'échelle)**

905. (*) Une haie mesure 100 m dans la réalité. Elle est représentée sur un plan par un trait de 2 cm. Quel est le coefficient de réduction ? Quelle est l'échelle ?

906. (*) *Une haie mesure 150 m dans la réalité. Elle est représentée sur un plan par un trait de 1 cm. Quel est le coefficient de réduction ? Quelle est l'échelle ?*

907. (*) Une maison mesure 35 mètres sur 25 mètres. Ses dimensions sur un plan d'architecte sont de 70 cm sur 50 cm. Quel est le coefficient de réduction ? L'échelle ?

908. (*) *Une maison mesure 45 mètres sur 35 mètres. Ses dimensions sur un plan d'architecte sont de 112,5 cm sur 87,5 cm. Quel est le coefficient de réduction ? L'échelle ?*

909. (*) Une piste d'une longueur de 3100 mètres est nécessaire pour le décollage de l'avion Airbus A380. Elle est représentée sur une carte par un trait d'une longueur de 3,1 cm. Quelle est le coefficient de réduction de cette carte ? Son échelle ?

910. (*) *Une piste d'une longueur de 2450 mètres est nécessaire pour le décollage de l'avion Boeing 737. Elle est représentée sur une carte par un trait d'une longueur de 9,8 cm. Quelle est le coefficient de réduction de cette carte ? Son échelle ?*

911. (*) Une ligne électrique fait 18,5 km de long. Elle est représentée sur une carte par un trait d'une longueur de 7,4 cm. Quelle est le coefficient de réduction de cette carte ? Son échelle ?

912. (*) *Une ligne électrique fait 14 km de long. Elle est représentée sur une carte par un trait d'une longueur de 5 cm. Quelle est le coefficient de réduction de cette carte ? Son échelle ?*

**Exercices de calcul de dimensions réelles**

913. (*) Une ligne électrique est représentée sur une carte au 1 : 150 000 par un trait d'une longueur de 5 cm. Quelle est la longueur réelle de la ligne électrique ?

914. (*) *Une ligne électrique est représentée sur une carte au 1 : 200 000 par un trait d'une longueur de 7,5 cm. Quelle est la longueur réelle de la ligne électrique ?*

915. (*) Les dimensions d'un hangar sur un plan d'architecte au 1 : 200 sont de 60 cm sur 40 cm. Quelles sont les dimensions de l'immeuble dans la réalité ?

916. (*) *Les dimensions d'un hangar sur un plan d'architecte au 1 : 250 sont de 70 cm sur 50 cm. Quelles sont les dimensions de l'immeuble dans la réalité ?*

917. (*) La longueur d'une piste d'aérodrome sur une carte au 1 :25 000 est de 6,3 cm. Quelle est la longueur réelle de la piste ?

918. (*) *La longueur d'une piste d'aérodrome sur une carte au 1 :25 000 est de 3,9 cm. Quelle est la longueur réelle de la piste ?*

919. (*) La longueur d'un fleuve sur une carte au 1 : 1 000 000 est de 38,7 cm. Quelle est la longueur réelle de ce fleuve ?

920. (*) *La longueur d'un fleuve sur une carte au 1 : 1 500 000 est de 24,5 cm. Quelle est la longueur réelle de ce fleuve ?*

## Exercices de calcul portant sur les agrandissements ou les réductions

921. Quelle est l'échelle du plan ci-dessous ?

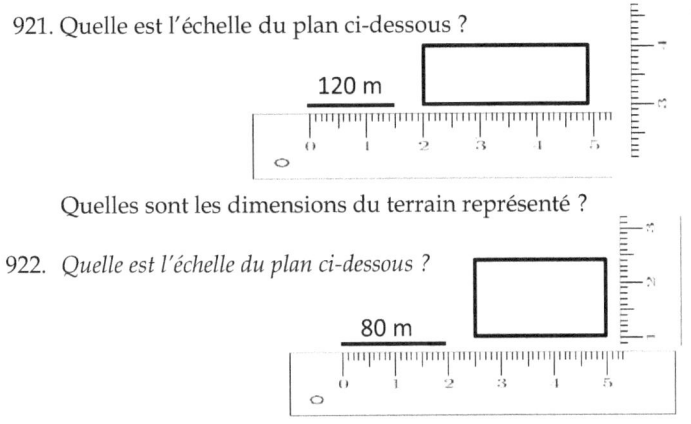

120 m

Quelles sont les dimensions du terrain représenté ?

922. *Quelle est l'échelle du plan ci-dessous ?*

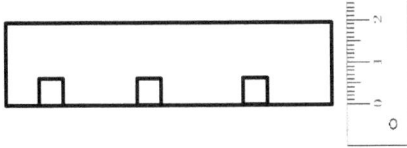

80 m

*Quelles sont les dimensions du terrain représenté ?*

923. Un immeuble mesure 15 mètres de hauteur. Il est représenté ci-dessous. Quelle est l'échelle ?

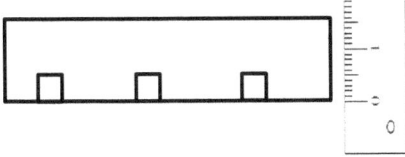

924. *Un immeuble mesure 12 mètres de hauteur. Il est représenté ci-dessous. Quelle est l'échelle ?*

# I. LES POURCENTAGES

## 1. COEFFICIENT MULTIPLICATEUR

Pour comparer deux nombres, la différence fournit une information.
Mais, si 8 et 10 ont la même différence que 20 et 22, on se rend compte que cette différence « semble » moins importante dans le second cas.

Une façon de comparer deux nombres consiste donc à calculer le coefficient multiplicateur qui permet de passer de l'un à l'autre.
Attention, ce coefficient n'est pas le même selon que l'on prenne l'un ou l'autre des nombres en premier. Passer de 8 à 10 (augmentation) n'est pas pareil que passer de 10 à 8 (diminution).

Le coefficient qui permet de passer de 8 à 10 est de 1,25 car :
8 x 1,25 = 10
On le calcule en divisant le deuxième nombre par le premier  10 / 8 = 1,25

Le coefficient qui permet de passer de 10 à 8 est de 0,8 car :
10 x 0,8 = 8
On le calcule en divisant le deuxième nombre par le premier  8 / 10 = 0,8

**Revenons à la comparaison des coefficients entre 8 et 10 d'une part, et 20 et 22 d'autre part.**

Le coefficient qui permet de passer de 20 à 22 est de 1,1 car :
20 x 1,1 = 22
On le calcule en divisant le deuxième nombre par le premier  22 / 20 = 1,1

**On voit que le coefficient multiplicateur est plus important pour passer de 8 à 10 (1,25) que de 20 à 22 (1,1) alors qu'il y a le même écart entre les deux nombres qui sont comparés.**

## 2. LES POURCENTAGES

**Une quantité B est le pourcentage d'une autre quantité A**
Une sous-quantité peut être caractérisée par le coefficient multiplicateur qui permet de passer de A à B. Ce coefficient sera calculé en divisant B par A.

**Exemple avec une partie B plus petite que la partie A**
Ainsi, pour caractériser 16 par rapport à 20 on peut calculer le coefficient multiplicateur qui permet de passer de 20 à 16.
16/20 = 0,8
C'est-à-dire que 16 = 20 x 0,8

Or 0,8 = 80/100
Une **convention mathématique** permet d'écrire « **80 %** » à la place de « $\left( \dfrac{80}{100} \right)$ ».

$$16 = 20 \times 0,8 = 20 \times (80/100) = 20 \times \left( \dfrac{80}{100} \right) = 20 \times 80\%$$

« 80 % » est une façon d'écrire le multiplicateur « 0,8 ». L'expression « 80 % = 0,8 » est exacte et rigoureuse.

**On peut donc écrire que « 16 représente 80% de 20 ».**

**Exemple avec une partie B plus grande que la partie A**
De même, puisque 20 est obtenu en multipliant 16 par 1,25, on peut écrire :
20 = 16 x **1,25**

$$20 = 16 \times \mathbf{1,25} = 16 \times \left( \dfrac{125}{100} \right) = 16 \times 125\%$$

« 125 % » est une façon d'écrire le multiplicateur « 1,25 ».
125 % = 1,25

On peut donc écrire que « 20 représente 125% de 16 ».

**Il y a trois sortes d'exercice :**

- **Calcul de pourcentage connaissant le nombre A et le nombre B**

- **Calcul du nombre B connaissant le nombre A et le pourcentage**

- **Calcul du nombre A connaissant le nombre B et le pourcentage**

**Exercices de calcul de pourcentage connaissant les deux nombres**

> Le pourcentage que représente le nombre B par rapport au nombre A s'obtient en divisant B par A
> On obtient un nombre décimal et on l'écrit sous la forme d'un nombre divisé par 100 pour obtenir le pourcentage.
> <u>Calcul</u>
> $14/56 = 0{,}25 = \left( \dfrac{25}{100} \right) = 25\,\%$

925. (*) Écrire les nombres suivants sous la forme d'une fraction sur 100 (exemple : $2{,}3 = \dfrac{230}{100}$ ou $0{,}2 = \dfrac{20}{100}$ )

   $0{,}3$ ; $0{,}05$ ; $0{,}25$ ; $0{,}67$ ; $0{,}467$ ; $1{,}3$ ; $1{,}02$ ; $3{,}45$ ; $12$ ; $23{,}76$

926. (*) Quel pourcentage de 80 représente la quantité 20 ?

927. (*) *Quel pourcentage de 50 représente la quantité 15 ?*

928. (*) Quel pourcentage de 20 représente la quantité 80 ?

929. (*) *Quel pourcentage de 15 représente la quantité 45 ?*

930. (*) Donner le pourcentage de 10 par rapport à 20 ?

931. (*) *Donner le pourcentage de 10 par rapport à 40 ?*

932. (*) Dans une classe il y a 24 garçons sur 40 élèves. Quel est le pourcentage de garçons par rapport aux élèves de la classe ?

933. (*) *Dans une classe il y a 28 filles sur 35 élèves. Quel est le pourcentage de filles par rapport aux élèves de la classe ?*

934. (*) Pendant une épidémie, 235 malades sur 2 000 sont décédés. Quel est le pourcentage de mortalité (pourcentage de malades qui décèdent) ?

935. (*) *Pendant une épidémie, 320 malades sur 2 500 sont décédés. Quel est le pourcentage de mortalité ?*

936. (*) En 2019 en France, il y avait 66,975 millions d'habitants et 753 000 enfants y sont nés. Quel est le pourcentage de natalité ?

937. (*) *En 2015 en Norvège, il y avait 5 165 000 habitants (plus de 5 millions) et 59 100 enfants y sont nés. Quel est le pourcentage de natalité ?*

938. (*) En 2019 en France, il y avait 66,975 millions d'habitants dont 27 millions de personnes avec un emploi. Quel pourcentage de la population avait un emploi en 2019 en France ?

939. (*) *En 2019 en France, il y avait 66,975 millions d'habitants dont 32,37 millions de personnes de sexe masculin. Quel est le pourcentage de personnes de sexe masculin dans la population française de 2019 ?*

940. (*) Un couple gagne 4 000 euros par mois. Le loyer coûte 800 euros. Quel pourcentage de leurs revenus est-il consacré au loyer ?

941. (*) *Un célibataire gagne 25 000 € par an. Le montant de son impôt sur le revenu s'élève à 1607 €. Quel est son pourcentage d'imposition global (le pourcentage de son impôt par rapport à son revenu annuel) ?*

**Exercices de calcul du nombre B connaissant le pourcentage et A**

Pour calculer le nombre B qui représente un certain pourcentage P du nombre A, il faut multiplier le nombre A par le pourcentage en mettant le pourcentage sous forme décimal. Que vaut 25 % de 56 ?

**Calcul du nombre représentant 25% de 56**

$25\,\% \times 56 = \left( \dfrac{25}{100} \right) \times 56 = 0{,}25 \times 56 = 14$

942. (*) Quel nombre représente 10 % de 120 ?

943. (*) *Quel nombre représente 20 % de 80 ?*

944. (*) Dans une classe de 40 élèves, il y a 82,5 % de filles. Combien il y a-t-il de filles ?

945. (*) *Dans une classe de 36 élèves, il y a 75 % de garçons. Combien il y a-t-il de garçons ?*

946. (*) Dans une boite de 300 billes, il y a 25 % de billes rouges. Combien il y a-t-il de billes rouges ?

947. (*) *Dans une boite de 160 billes, il y a 75 % de billes rouges. Combien il y a-t-il de billes rouges ?*

948. (*) Lors d'une épidémie, 4 % des 4 800 malades sont décédés. Combien de malades sont décédés ?

949. (*) *Lors d'une épidémie, 3 % des 6 800 malades sont décédés. Combien de malades sont décédés ?*

950. (*) En 2019 en France, il y avait 66,975 millions d'habitants. Parmi eux, il y avait 18,5 % d'élèves (écoles, collèges ou lycées). Quel était le nombre d'élèves en 2019 (écoles, collèges ou lycées) ?

951. (*) *En 2019 en France, il y avait 66,975 millions d'habitants. Parmi eux, il y avait 24 % de retraités. Quel était le nombre de retraités en 2019 ?*

952. (*) En 2019 en France, il y avait 27 millions de personnes avec un emploi. Parmi elles, il y avait 21 % de personnes employées par l'état. Quel était le nombre de personnes travaillant pour l'état en 2019 ?

953. (*) *En 2019 en France, il y avait 66,975 millions d'habitants. Le pourcentage de personnes de sexe féminin était de 51,67 %. Combien de personnes cela représente-t-il ?*

954. (*) Une entreprise est cotée en bourse. L'action rapporte un dividende de 2,5 % par an. Un actionnaire possède 20 000 € d'actions de cette entreprise. Quel dividende touchera-t-il à la fin de l'année ?

955. (*) *Une entreprise est cotée en bourse. L'action rapporte un dividende de 3,5 % par an. Un actionnaire possède 25 000 € d'actions de cette entreprise. Quel dividende touchera-t-il à la fin de l'année ?*

**Exercices de calcul de nombre A connaissant le pourcentage et B**

> Pour calculer le nombre A tel que B représente un certain pourcentage P du nombre A, il faut diviser le nombre B par le pourcentage en mettant le pourcentage sous forme décimal.
> 14 représente 25 % de quel nombre ?
>
> **Calcul du nombre dont 25% vaut 14**
> $$40/25\% = 40/ \left( \frac{25}{100} \right) = 40/0,25 = 56$$

956. (*) Les 12 garçons d'une classe représentent 50 % des élèves de la classe. Combien il y-t-il d'élèves dans la classe ?
957. (*) *Les 14 filles d'une classe représentent 70 % des élèves de la classe. Combien il y-t-il d'élèves dans la classe ?*
958. (*) Les 20 garçons d'une classe représentent 80 % des élèves de la classe. Combien il y-t-il d'élèves dans la classe ?
959. (*) *Les 15 filles d'une classe représentent 75 % des élèves de la classe. Combien il y-t-il d'élèves dans la classe ?*
960. (*) Les 48 billes rouges d'une boite représentent 25 % des billes de la boite. Combien il y-t-il de billes dans la boite ?
961. (*) *Les 18 billes bleues d'une boite de billes représentent 75 % des billes de la boite. Combien il y-t-il de billes dans la boite ?*
962. (*) Les 85 voitures noires d'un parking représentent 20 % de l'ensemble des voitures du parking. Combien il y-t-il de voiture sur le parking ?
963. (*)*Les 45 voitures blanches d'un parking représentent 15 % de l'ensemble des voitures du parking. Combien il y-t-il de voiture sur le parking ?*
964. (*) Lors d'une épidémie, les 135 personnes qui sont tombées malades représentent 4 % des habitants d'une commune. Quelle est la population de la commune ?
965. (*) *Lors d'une épidémie, les 94 personnes qui sont tombées malades représentent 8 % des habitants d'une commune. Quelle est la population de la commune ?*
966. (*) Au moment de la cuisson d'un sirop, 125 g se sont évaporés, soit 16% du total. Quelle masse de sirop y avait-il au début de la cuisson ?
967. (*) *Au moment de la cuisson d'un sirop, 95 g se sont évaporés, soit 19% du total. Quelle masse de sirop y avait-il au début de la cuisson ?*
968. (*) Le montant des actions boursières de G. a augmenté de 450 €, soit une augmentation de 3,6 %. Quel était la valeur totale initiale des actions ?
969. (*) *Le montant des actions boursières de F. a augmenté de 650 €, soit une augmentation de 4 %. Quel était la valeur totale initiale des actions ?*

**Exercices sur les pourcentages**

970. (\*\*) G. a déjà versé un acompte de 25% à la commande d'une voiture qui coute 8 000 €. Combien lui reste-t-il payer ?

971. (\*\*) *H. a déjà versé un acompte de 30% à la commande d'une voiture qui coute 7 000 €. Combien lui reste-t-il payer ?*

972. (\*\*) Lors des élections municipales, sur 3500 votants, L. a obtenu 35% des voix, M. en a obtenu 25% et N. en a obtenu 40%. Combien de voix ont obtenu chacun des trois candidats ?

973. (\*\*) *Lors des élections municipales, sur 4500 votants, L. a obtenu 40% des voix, M. en a obtenu 35% et N. en a obtenu 25%. Combien de voix ont obtenu chacun des trois candidats ?*

974. (\*\*) Le paiement d'une voiture s'effectue en trois versements de 40%, 30% et 30% du total. Quels sont les versements pour régler l'achat d'une voiture coutant 12 000 € ?

975. (\*\*) *Le paiement d'une voiture s'effectue en trois versements de 50%, 30% et 20% du total. Quels sont les versements pour régler l'achat d'une voiture coutant 9 000 € ?*

976. (\*\*) Un appartement a été achetée 200 000 €. Quel doit-être le loyer annuel si l'on souhaite obtenir un rendement de 6% annuel ?

977. (\*\*) *Un appartement a été achetée 180 000 €. Quel doit-être le loyer annuel si l'on souhaite obtenir un rendement de 5% annuel ?*

978. (\*\*\*) Un appartement a été achetée 250 000 €. Les frais d'achat se sont élevés à 15% du prix d'achat, et chaque année il faut dépenser 560 € (réparations, taxes…) Quel doit-être le loyer annuel si l'on souhaite obtenir un rendement de 5% annuel ?

979. (\*\*\*) *Un appartement a été achetée 230 000 €. Les frais d'achat se sont élevés à 12% du prix d'achat, et chaque année il faut dépenser 650 € (réparations, taxes…) Quel doit-être le loyer annuel si l'on souhaite obtenir un rendement de 4% annuel ?*

980. (\*\*) Un agriculteur a acquis un terrain pour 4 800 €. La valeur de la récolte annuelle atteint 1 500 €. Quel est le taux de son retour sur investissement (rendement par rapport au prix du terrain) ?

981. (\*\*) *Un agriculteur a acquis un terrain pour 4 800 €. La valeur de la récolte annuelle atteint 1 200 €. Quel est le taux de son retour sur investissement ?*

982. (\*\*\*) Une maison de deux logements a été achetée 320 000 €. Le premier locataire paie un loyer mensuel de 600 €, le second de 680 €. Quel est le taux de ce placement immobilier ?

983. (\*\*\*) *Une maison de deux logements a été achetée 280 000 €. Le premier locataire paie un loyer mensuel de 610 €, le second de 650 €. Quel est le taux de ce placement immobilier ?*

984. (\*\*\*) Un épicier a acheté 125 kg de sucre à 2,80 € le kg, et il a obtenu une remise de 5%. A quel prix doit-il revendre le kilo de sucre s'il souhaite faire un bénéfice de 20% ?

985. (***) *Un épicier a acheté 120 kg de sucre à 2,60 € le kg, et il a obtenu une remise de 4%. A quel prix doit-il revendre le kilo de sucre s'il souhaite faire un bénéfice de 25%?*

986. (***) Une marchande a acheté des oranges au prix de 15 centimes la pièce. Elle gagne 40% par rapport au prix qu'elle les a payées. Combien doit-elle revendre d'oranges pour avoir un bénéfice de 4,20 € ?

987. (***) *Une marchande a acheté des oranges au prix de 14 centimes la pièce. Elle gagne 50% par rapport au prix qu'elle les a payées. Combien doit-elle revendre d'oranges pour avoir un bénéfice de 6,30 € ?*

988. (**) Aux élections municipales, trois candidats se sont présentés. Le premier a obtenu 45 % des voix, le deuxième a obtenu 28% des voix. Quel pourcentage des voix a obtenu le dernier candidat ? Il y avait 3500 votants. Calculer le nombre de personnes ayant voté pour chaque candidat.

989. (**) *Aux élections municipales, trois candidats se sont présentés. Le premier a obtenu 48 % des voix, le deuxième a obtenu 29% des voix. Quel pourcentage des voix a obtenu le dernier candidat ? Il y avait 3800 votants. Calculer le nombre de personnes ayant voté pour chaque candidat.*

990. (***) Un magasin fait une réduction de 14% sur un poste radio affiché au prix de 580 €. Le magasin voisin affiche le même produit au prix de 650 € avec une ristourne de 95 €. Dans quel magasin l'article est-il au prix le plus bas ? Quelle est l'économie par rapport à l'autre magasin ?

991. (***) *Un magasin fait une réduction de 16% sur un poste radio affiché au prix de 680 €. Le magasin voisin affiche le même produit au prix de 740 € avec une ristourne de 170 €. Dans quel magasin l'article est-il au prix le plus bas ? Quelle est l'économie par rapport à l'autre magasin ?*

992. (***) M. a placé 800 € sur un compte d'épargne qui rapporte 3,5% d'intérêt chaque année. Quel est le montant des intérêts qui seront versés au bout d'un an ? Quelle somme est désormais sur son compte ? Quel est le montant des intérêts qui seront versés au bout d'une deuxième année ?

Faire un tableau qui présente pendant cinq ans les intérêts et le nouveau solde de son compte.

| Année | Montant | Intérêts |
|---|---|---|
| 1 | 800 € | |
| 2 | | |
| 3 | | |
| 4 | | |

993. (***) 50% d'un bassin ont été remplis par un robinet en 2 h 15 min. En combien de temps ce robinet peut-il remplir tout le bassin ?

994. (***) *30% d'un bassin ont été remplis par un robinet en 3 h 45 min. En combien de temps ce robinet peut-il remplir tout le bassin ?*

995. (***) Une pompe vide 15% d'un bassin en 45 minutes avec un débit de 20 litres à la minute. Quelle est la capacité totale du bassin en litres ?

996. (***) *Une pompe vide 20% d'un bassin en 35 minutes avec un débit de 30 litres à la minute. Quelle est la capacité totale du bassin en litres ?*

## 2. APPLICATIONS DES POURCENTAGES AUX PENTES

Une route ou un chemin a une pente lorsqu'il y a un changement d'altitude en fonction de la distance parcourue, en montée (pente positive) ou en descente (pente négative).

La pente est fournie sous la forme d'un pourcentage qui indique ce que représente la **variation d'altitude** par rapport à **la distance parcourue**.

Ainsi, une pente de 10% indique que pour une distance parcourue de 1 000 m, la variation d'altitude sera de : 10 % x 1000 = 0,1 x 1000 = 100 m

On montera (ou on descendra selon le sens de circulation) de 100 mètres pour 1000 mètres parcourus.

### Exercices concernant les pentes

997. (*) En parcourant 2 kilomètres sur un chemin on s'élève de 500 mètres. Quelle est la pente moyenne de ce chemin ?

998. (*) *En parcourant 8 kilomètres on s'élève de 1200 mètres. Quelle est la pente moyenne de ce chemin?*

999. (*) En parcourant 5 kilomètres on s'élève de 250 mètres. Quelle est la pente moyenne de cette route ?

1000. (*) *En parcourant 8 kilomètres on s'élève de 600 mètres. Quelle est la pente moyenne de cette route ?*

1001. (*) Une route est indiquée avec une pente de 5 %. Quelle sera la variation d'altitude si on parcourt 4 km ?

1002. (*) *Une route est indiquée avec une pente de 4 %. Quelle sera la variation d'altitude si on parcourt 7 km ?*

1003. (*) Une piste de ski est indiquée avec une pente de 10 %. Quelle sera la variation d'altitude si on parcourt 1 km ?

1004. (*) *Une route est indiquée avec une pente de 15 %. Quelle sera la variation d'altitude si on parcourt 2 km ?*

1005. (*) Une route est indiquée avec une pente de 5 %. Quelle distance faut-il parcourir pour s'élever de 100 mètres ?

1006. (*) *Une route est indiquée avec une pente de 4 %. Quelle distance faut-il parcourir pour s'élever de 400 mètres ?*

1007. (*) Une piste de ski est indiquée avec une pente de 35 %. Quelle distance faut-il parcourir pour descendre de 300 mètres ?

1008. (*) *Une piste de ski est indiquée avec une pente de 40 %. Quelle distance faut-il parcourir pour descendre de 500 mètres ?*

## 3. VARIATION EN POURCENTAGE

### Les augmentations

Lorsqu'une grandeur varie, on peut calculer le pourcentage de variation, c'est-à-dire le pourcentage que représente la variation par rapport à la valeur initiale.

Ainsi, en passant de 10 à 12, la variation est de 2, ce qui représente un pourcentage d'augmentation de 2 / 10

2 / 10 = 0,2 = 20 %

Alors que le pourcentage de variation entre 20 et 22 est de :

2/20 = 0,1 = 10 %

### Exemple de calcul de pourcentage de variation

« Un salarié qui touchait 1 200 € de salaire mensuel touche désormais 1 260 €. Quel est son pourcentage d'augmentation ? »

> Calcul de la variation de salaire
> 1 260 – 1 200 = 60
> Calcul du pourcentage d'augmentation
> 60/1 200 = 0,05 = 5 %
> Ce salarié a eu une augmentation de 5 %.

### Exemple de calcul de variation connaissant le pourcentage de variation

« Un salarié qui touchait 1 200 € de salaire mensuel est augmenté de 4%. Quelle est son augmentation en euros ? »

> Calcul de la variation de salaire
> 1 200 x 0,04 = 48   (4 % = 0,04)
> Ce salarié a eu une augmentation de 48 €.

### Exemple de calcul de valeur initiale connaissant le pourcentage de variation

« Un salarié est augmenté de 5%. Il touche maintenant 100 € de plus. Quel était son salaire initial ? »

> Calcul du salaire initial
> 100 / 0,05 = 2 000   (5 % = 0,05)
> Ce salarié gagnait 2 000 euros avant son augmentation.

## Les diminutions

Le principe est le même lorsqu'il s'agit d'une diminution. Il faut toujours utiliser la valeur initiale pour calculer le pourcentage, en précisant qu'il s'agit d'une baisse.

### Exemple de calcul de pourcentage de variation

« Une veste coûtait 300 euros. Elle est soldée et coûte désormais 270 euros. Quel est le pourcentage de rabais ? »

Calcul de la variation de prix
300 – 270 = 30
Calcul du pourcentage d'augmentation
30/300 = 0,1 = 10 %
La veste est soldée avec un rabais de 10 %.

### Exemple de calcul de variation connaissant le pourcentage de variation

« Une veste coutait 150 €. Elle est soldée avec un rabais de 15 %. Quelle est le montant économisé ? »

Calcul de la variation de prix
150 x 0,15 = 22,5   (15 % = 0,15)
La veste est vendue avec un rabais de 22,50 €.

### Exemple de calcul de valeur initiale connaissant le pourcentage de variation

« Le prix d'une veste a baissé de 20%. La ristourne est de 40 euros. Quel était le prix initial ? »

Calcul du prix initial
400 / 0,2 = 200   (20 % = 0,2)
La veste coutait 200 € avant le rabais.

## Exercices concernant les variations en pourcentage

1009. (*) Un salarié gagnait 1 250 € de salaire mensuel. Il bénéficie d'une augmentation de 3%. Quelle est le montant de l'augmentation ?

1010. (*) *Une salariée gagnait 1 470 € de salaire mensuel. Elle bénéficie d'une augmentation de 2,5%. Quelle est le montant de l'augmentation ?*

1011. (*) L'action d'une entreprise cotée en bourse valait 175 euros. Elle augmente de 1,8%. De combien a augmenté la valeur de l'action ?

1012. (*) *L'action d'une entreprise cotée en bourse valait 225 euros. Elle augmente de 2,2%. De combien a augmenté la valeur de l'action ?*

1013. (*) Un vélo coûte 250 €. Suite à un rabais de 10 %, quelle est l'économie réalisée ?

1014. (*) *Un vélo coûte 350 €. Suite à un rabais de 15 %, quelle est l'économie réalisée ?*

1015. (*) En 2019, les émissions mondiales de $CO_2$ représentaient 36,4 milliard de tonnes. En 2020, elles ont baissé de 6,6 %. Quelle baisse cela représente-t-il en masse ?
(Remarque : Pour respecter l'objectif idéal de l'accord de Paris, il faudrait réduire les émissions de $CO_2$ de 7,6 % par an chaque année entre 2020 et 2030, selon l'ONU.)

1016. (*) *En 2019, les émissions françaises de $CO_2$ représentaient 441 millions de tonnes. En 2020, elles ont baissé d'environ 10%. Quelle baisse cela représente-t-il en masse ?*

1017. (**) Un vélo coûte 350 €. Suite à un rabais de 12 %, quel est le nouveau prix ?

1018. (**) *Un vélo coûte 239 €. Suite à un rabais de 20 %, quel est le nouveau prix ?*

1019. (**) Une maison a été acheté 180 000 €. Elle est revendue 15 ans plus tard 24% de plus. A quel prix a-t-elle été revendue ?

1020. (**) *Une maison a été acheté 145 000 €. Elle est revendue 20 ans plus tard 18% de plus. A quel prix a-t-elle été revendue ?*

1021. (**) Une voiture a été achetée 12 000 €. Elle est revendue 8 ans plus tard avec une perte de 40%. A quel prix est-elle revendue ?

1022. (**) *Une voiture a été achetée 13 500 €. Elle est revendue 8 ans plus tard avec une perte de 35%. A quel prix est-elle revendue ?*

1023. (**) Une maison a été acheté 150 000 €. Elle est revendue 15 ans plus tard 20% de plus. Quel est le rapport entre le prix d'achat initial et le prix de revente ? (par quel coefficient le prix d'achat a-t-il été multiplié ?)

1024. (**) *Une maison a été acheté 120 000 €. Elle est revendue 10 ans plus tard 15% de plus. Quel est le rapport entre le prix d'achat initial et le prix de revente ? (par quel coefficient le prix d'achat a-t-il été multiplié ?)*

1025. (**) Une voiture a été achetée 10 000 €. Elle est revendue 8 ans plus tard avec une perte de 30%. A quel prix est-elle revendue ?

1026. (**) *Une voiture a été achetée 8 000 €. Elle est revendue 6 ans plus tard avec une perte de 25%. A quel prix est-elle revendue ?*

1027. (***) Un vélo coûte 450 €. Lorsque F. veut l'acheter, le prix a augmenté de 15 %. Le vendeur débutant (et mal formé en mathématique) décide de baisser le prix de 15 % pour que le vélo reste au même prix. A-t-il raison ?

1028. (***) Les émissions de gaz à effet de serre de la France (métropole et outre-mer) sont exprimées dans le tableau ci-dessous en millions de tonnes de $CO_2$ :

| année | 1990 | 1995 | 2000 | 2005 | 2010 | 2015 | 2017 |
|---|---|---|---|---|---|---|---|
| émissions | 548 | 543 | 552 | 555 | 512 | 460 | 465 |
| variation | | | | | | | |
| | | | | | | | |

Indiquer les variations et les pourcentages de variation pour chaque année (à partir de 1995) en mettant le signe « + » lorsqu'il s'agit d'une augmentation et « - » lorsqu'il s'agit d'une baisse.

1029. (**) D. emprunte 3 000 € à un taux d'intérêt annuel de 20% qu'il devra rembourser en une fois 1 an plus tard. Combien devra-t-il rembourser ?

1030. (**) D. emprunte 2 500 € à un taux d'intérêt annuel de 15% qu'il devra rembourser en une fois 1 an plus tard. Combien devra-t-il rembourser ?

1031. (***) D. emprunte 2 000 € à un taux d'intérêt annuel de 15% qu'il devra rembourser en une fois 4 ans plus tard. Combien devra-t-il rembourser ?

1032. (***) D. emprunte 1 500 € à un taux d'intérêt annuel de 18% qu'il devra rembourser en une fois 4 ans plus tard. Combien devra-t-il rembourser ?

1033. (***) D. emprunte 2 000 € à un taux d'intérêt annuel de 5% qu'il rembourse peu à peu en versant 500 € chaque année. Combien devra-t-il rembourser et combien d'années cela va-t-il lui prendre ?

## Annexe : liste des premiers nombres entiers

1 : un
2 : deux
3 : trois
4 : quatre
5 : cinq
6 : six
7 : sept
8 : huit
9 : neuf
10 : dix
11 : onze
12 : douze
13 : treize
14 : quatorze
15 : quinze
16 : seize
17 : dix-sept
18 : dix-huit
19 : dix-neuf
20 : vingt
21 vingt-et-un
22 : vingt-deux
23 : vingt-trois
24 : vingt-quatre
25 : vingt-cinq
26 : vingt-six
27 : vingt-sept
28 : vingt-huit
29 : vingt-neuf
30 : trente
31 : trente-et-un
32 : trente-deux
33 trente-trois
34 : trente-quatre
35 : trente-cinq
36 : trente-six

37 : trente-sept
38 : trente-huit
39 : trente-neuf
40 : quarante
41 : quarante-et-un
42 : quarante-deux
43 : quarante trois
44 : quarante-quatre
45 : quarante-cinq
46 : quarante-six
47 : quarante-sept
48 : quarante-huit
49 : quarante-neuf
50 : cinquante
51 : cinquante-et-un
52 : cinquante-deux
53 : cinquante-trois
54 : cinquante-quatre
55 : cinquante-cinq
56 : cinquante-six
57 : cinquante-sept
58 : cinquante-huit
59 : cinquante-neuf
60 : soixante
61 : soixante-et-un
62 : soixante-deux
63 : soixante-trois
64 : soixante-quatre
65 : soixante-cinq
66 : soixante-six
67 : soixante-sept
68 : soixante-huit
69 : soixante-neuf
70 : soixante-dix
71 : soixante-onze
72 : soixante-douze

73 : soixante-treize
74 : soixante-quatorze
75 : soixante-quinze
76 : soixante-seize
77 : soixante-dix-sept
78 : soixante-dix-huit
79 : soixante-dix-neuf
80 : quatre-vingt
81 : quatre-vingt-un
82 : quatre-vingt-deux
83 : quatre-vingt-trois
84 : quatre-vingt-quatre
85 : quatre-vingt-cinq
86 : quatre-vingt-six
87 : quatre-vingt-sept
88 : quatre-vingt-huit
89 : quatre-vingt-neuf
90 : quatre-vingt-dix
91 : quatre-vingt-onze
92 : quatre-vingt-douze
93 : quatre-vingt-treize
94 : quatre-vingt-quatorze
95 : quatre-vingt-quinze
96 : quatre-vingt-seize
97 : quatre-vingt-dix-sept
98 : quatre-vingt-dix-huit
99 : quatre-vingt-dix-neuf
100 : cent
101 : cent-un
200 : deux-cents
201 : deux-cent-un
500 : cinq-cents
1 000 : mille
2 000 : deux-mille
2020 : deux-mille-vingt
1 000 000 : un million

**Annexe : tables des multiplications de nombre à un chiffre**
(la table de 10, très simple, est également fournie)

| | | | | |
|---|---|---|---|---|
| 1 x 1 = 1 | 2 x 1 = 2 | 3 x 1 = 3 | 4 x 1 = 4 | 5 x 1 = 5 |
| 1 x 2 = 2 | 2 x 2 = 4 | 3 x 2 = 6 | 4 x 2 = 8 | 5 x 2 = 10 |
| 1 x 3 = 3 | 2 x 3 = 6 | 3 x 3 = 9 | 4 x 3 = 12 | 5 x 3 = 15 |
| 1 x 4 = 4 | 2 x 4 = 8 | 3 x 4 = 12 | 4 x 4 = 16 | 5 x 4 = 20 |
| 1 x 5 = 5 | 2 x 5 = 10 | 3 x 5 = 15 | 4 x 5 = 20 | 5 x 5 = 25 |
| 1 x 6 = 6 | 2 x 6 = 12 | 3 x 6 = 18 | 4 x 6 = 24 | 5 x 6 = 30 |
| 1 x 7 = 7 | 2 x 7 = 14 | 3 x 7 = 21 | 4 x 7 = 28 | 5 x 7 = 35 |
| 1 x 8 = 8 | 2 x 8 = 16 | 3 x 8 = 24 | 4 x 8 = 32 | 5 x 8 = 40 |
| 1 x 9 = 9 | 2 x 9 = 18 | 3 x 9 = 27 | 4 x 9 = 36 | 5 x 9 = 45 |

| | | | | |
|---|---|---|---|---|
| 6 x 1 = 6 | 7 x 1 = 7 | 8 x 1 = 8 | 9 x 1 = 9 | 10 x 1 = 10 |
| 6 x 2 = 12 | 7 x 2 = 14 | 8 x 2 = 16 | 9 x 2 = 18 | 10 x 2 = 20 |
| 6 x 3 = 18 | 7 x 3 = 21 | 8 x 3 =24 | 9 x 3 = 27 | 10 x 3 = 30 |
| 6 x 4 = 24 | 7 x 4 = 28 | 8 x 4 = 32 | 9 x 4 = 36 | 10 x 4 = 40 |
| 6 x 5 = 30 | 7 x 5 = 35 | 8 x 5 = 40 | 9 x 5 = 45 | 10 x 5 = 50 |
| 6 x 6 = 36 | 7 x 6 = 42 | 8 x 6 = 48 | 9 x 6 = 54 | 10 x 6 = 60 |
| 6 x 7 = 42 | 7 x 7 = 49 | 8 x 7 = 56 | 9 x 7 = 63 | 10 x 7 = 70 |
| 6 x 8 = 48 | 7 x 8 = 56 | 8 x 8 = 64 | 9 x 8 = 72 | 10 x 8 = 80 |
| 6 x 9 = 54 | 7 x 9 = 63 | 8 x 9 = 72 | 9 x 9 = 81 | 10 x 9 = 90 |

On remarque qu'à chaque nouvelle table, la quantité de nouveautés à apprendre diminue du fait de la commutativité. Ainsi, dans la table de 3, les deux premières lignes figurent déjà dans les deux tables précédentes.

Tables suivantes, très utiles, de 11 à 15.

| | | | | |
|---|---|---|---|---|
| 11 x 1 = 11 | 12 x 1 = 12 | 13 x 1 = 13 | 14 x 1 = 14 | 15 x 1 = 15 |
| 11 x 2 = 22 | 12 x 2 = 24 | 13 x 2 = 26 | 14 x 2 = 28 | 15 x 2 = 30 |
| 11 x 3 = 33 | 12 x 3 = 36 | 13 x 3 = 39 | 14 x 3 = 42 | 15 x 3 = 45 |
| 11 x 4 = 44 | 12 x 4 = 48 | 13 x 4 = 52 | 14 x 4 = 56 | 15 x 4 = 60 |
| 11 x 5 = 55 | 12 x 5 = 60 | 13 x 5 = 65 | 14 x 5 = 70 | 15 x 5 = 75 |
| 11 x 6 = 66 | 12 x 6 = 72 | 13 x 6 = 78 | 14 x 6 = 84 | 15 x 6 = 90 |
| 11 x 7 = 77 | 12 x 7 = 84 | 13 x 7 = 91 | 14 x 7 = 98 | 15 x 7 = 105 |
| 11 x 8 = 88 | 12 x 8 = 96 | 13 x 8 = 104 | 14 x 8 = 112 | 15 x 8 = 120 |
| 11 x 9 = 99 | 12 x 9 = 108 | 13 x 9 = 117 | 14 x 9 = 126 | 15 x 9 = 135 |
| 11 x 10 = 110 | 12 x 9 = 120 | 13 x 9 = 130 | 14 x 9 = 140 | 15 x 9 = 150 |

### Annexe : Le périmètre (ou la circonférence) du cercle et le nombre π

Lorsque l'être humain a commencé à déplacer des roches sur des troncs d'arbre, il s'est posé la question suivante :

**Lorsque le tronc fait un tour complet, de quelle distance avance le rocher ?**

Cette question se pose aussi au sujet du déplacement d'une brouette à chaque tour de roue...

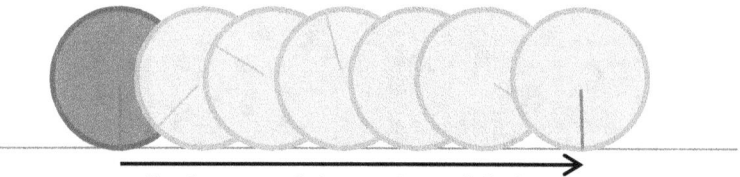

Déplacement de la roue lorsqu'elle fait un tour

Ce déplacement correspond au **périmètre** (circonférence) du tronc, ou de la roue.

On s'est tout de suite rendu compte qu'une roue deux fois plus grande se déplace du double.
C'est donc qu'il y a **proportionnalité** entre le diamètre de la roue et la distance parcourue par un tour de roue.

| Il y a proportionnalité entre le diamètre et le périmètre du cercle. |
| --- |

Donc, il existe un coefficient de proportionnalité... Un nombre qui multiplié par le rayon donne le périmètre...

Depuis la plus lointaine antiquité, on a cherché la valeur de ce nombre.
On l'a appelé à une époque « *Constante d'Archimède* », ou « constante du cercle ».
C'est en 1631 que l'anglais William Oughtred a choisi de lui attribuer la première lettre du mot grec « *périféreia* » (périmètre), la lettre grecque « π ».

$$\pi := \frac{P}{d}.$$

De nombreuses formules, de physique, d'ingénierie et bien sûr de mathématiques, impliquent le coefficient Π, qui est une des constantes les plus importantes des mathématiques.

Sur une tablette babylonienne (il y a 4000 ans) écrite en caractère cunéiformes, on a trouvé l'inscription « 3 + 1/8 » pour la constante du cercle, c'est-à-dire 3,125...

En Egypte, 1650 ans avant notre ère, sur un papyrus avec des écritures hiératiques, la constante du cercle était évaluée à 3,16049...

On a pu calculer un très grand nombre des chiffres après la virgule (les décimales) qui définissent la constante Π.

En voici les premières :
3,14159265358979323846264338327950288419716939937510582...

Un poème permet de retenir les premières décimales de π, dont le nombre de lettres de chaque mot correspond à une décimale, les mots de dix lettres représentant le chiffre « 0 ».

*Que j'aime à faire apprendre un nombre utile aux sages !*
3,1415926535
*Immortel Archimède, artiste, ingénieur,*
*Qui de ton jugement peut priser la valeur ?*
*Pour moi ton problème eut de pareils avantages.*

*Jadis, mystérieux, un problème bloquait*
*Tout l'admirable procédé, l'œuvre grandiose*
*Que Pythagore découvrit aux anciens Grecs.*
*Ô quadrature ! Vieux tourment du philosophe*
*...*

$\pi = 3,141\,592\,653\,589\,793\,238\,462\,643\,383\,279\,502\,884\,197\,15\ldots$

édition mai 2023

www.ingramcontent.com/pod-product-compliance
Lightning Source LLC
Chambersburg PA
CBHW070600220526
45467CB00003B/1256